闭环思维

让靠谱成为习惯

智俊启◎著

中国友谊出版公司

图书在版编目（CIP）数据

闭环思维 / 智俊启著. -- 北京 : 中国友谊出版公司, 2019.11（2021.3重印）
ISBN 978-7-5057-4840-8

Ⅰ. ①闭… Ⅱ. ①智… Ⅲ. ①成功心理－通俗读物 Ⅳ. ①B848.4-49

中国版本图书馆CIP数据核字（2019）第214128号

书名　闭环思维
作者　智俊启
出版　中国友谊出版公司
发行　中国友谊出版公司
经销　北京时代华语国际传媒股份有限公司　010-83670231
印刷　唐山富达印务有限公司
规格　880 × 1230 毫米　32 开
　　　7 印张　79 千字
版次　2019 年 11 月第 1 版
印次　2021 年 3 月第 10 次印刷
书号　ISBN 978-7-5057-4840-8
定价　42.00 元
地址　北京市朝阳区西坝河南里 17 号楼
邮编　100028
电话　（010）64678009

前　言

在这么多年的管理工作中，有一些员工的工作态度让我很满意，每次给他们安排完任务后，不管这个任务后期做得如何，他们都会给我一个准确的答复——结果、问题、原因及与工作相关的种种必要事项，他们都做得很好。这样的员工让我感觉非常靠谱，因此我也愿意把重要的工作交给他们。这就是工作中的闭环思维。

从本质上来看，闭环思维强调的并不仅仅是责任心，它还强调了我们在工作中的团队配合精神和对同事关系的敏感性。就是说，闭环思维不仅要求团队成员完成工作本身，还需要照顾到与此相关的每一个人，考虑他们的感受，尊重和满足他们的合理诉求，并在结束时给对方一个答复，和整个团队一起实现工作的闭环。

比如，上司让下属在 10 天内撰写一份方案，下属可能需要与上司沟通方案的具体内容，达成基本共识，还要进行大量的调研，然后才能撰写出符合公司利益与上司要求的内容，通过某种方式发给上司。这是否便是闭环呢？答案是：不完全是。

因为过了几天，上司生气地把下属叫过来，问他方案写好了没有。下属却一脸无辜地回答："我已经发给你了。"

问题出在什么地方？出色地做好方案并发给上司并非这项任务的全部目标，下属还要做到精准的反馈，即通过口头或者电话方式告知上司：我的方案已经发给你了。

在这个过程中，上司也许没有意识到闭环的理念，但他一定认为这个下属是不靠谱的。他会发现这名下属在工作中有所缺失，无法给予他更大的信任，也不能交给他重要的任务。以下是闭环思维带来的益处：

第一，强调闭环思维，可以提高管理中的任务完成度，保证员工从工作开始到结束落实每一个环节，并及时给上司回馈。

第二，贯彻闭环思维，可以优化管理的效率，因为如果上司发起了一件事，下属不管做得如何，都会最后反馈到发起者，上司能及时准确地知道结果，不需要事事催问。

我们学习和理解闭环思维，并把它运用到团队的管理和员工的培训中，就是希望我们的团队更加靠谱，而不是更加离谱。你作为管理者，一旦能靠谱地对待工作，可能暂时付出很多，但长期看却能收到数倍的回报。你也能就此检验团队成员或合作伙伴，淘汰掉那些最不靠谱的人，最后你的团队会形成一种重视执行与效能的好风气。这能让你的管理事半功倍，实现“1+1>2”的效果。

目　录

上篇
思维闭环：
有始有终有反馈

上篇

思维闭环：

有始有终有反馈

中篇
做事靠谱：
凡事有交代，件件有着落，事事有回音

中篇

做事靠谱：

凡事有交代，件件有着落，事事有回音

中篇
做事靠谱：
凡事有交代，件件有着落，事事有回音

上篇

思维闭环：有始有终有反馈

公司是一张网，当他人在网络协同过程中发起某一事情或工作时，在一定时间内，不管执行者是否完成以及完成效果如何，都要认真地将结果反馈给发起者。尤其是面向上级时，如果上级交代了一件事，下属应该竭尽全力去完成，而最后不管完成的质量如何，都应该在约定的时间内给上级一个反馈，这就是闭环。

第一章　让工作可交付，而不是“我尽力了”

寻找借口，就是在制造障碍

一个想有所成就的人应该具备的品质是出了问题不推诿，也不狡辩，以公司的利益为第一标准，积极地寻找办法解决，弥补自己的失误。如果开始找借口，就等于在不断地为自己后面的工作设置障碍，也在损害上司对自己的信任。

小宋有一次方案很晚也没交上来，我问他怎么回事，他挠着脑袋说：“老板，公司电脑出问题了。是网络原因，全公司的电脑差不多都瘫痪了。”我冷冷地说：“可其他人的方案都按时交了，为什么他们的电脑没受影响呢？”小宋说不出话来了。

然后我告诉他：“做事不要总找借口，我要的是方案，你做完给我就 OK，有什么问题你必须自己解决，而且不能耽误进度。至于你遇到的问题有多棘手，我不知道，我只知道别人做到了，而你没做到，还在找借口，说明你在逃避责任。现在我再给你一次机会，晚上 12 点前交给我。”

“常有理”的人没有未来

小宋这样的人企业中不少见，他们经常迟到或者请假，上级安排的工作也往往不能按时完成，不管是老板批评还是同事提醒，他依然如故，犯了错误就能找到借口搪塞，不是堵车就是闹钟没响，要不就是生病、有事，或者是同事不配合。这样的人在工作中被大家戏称为“常有理”，他们眼里没有公司，只有自己。

上班迟到，业务延误，工作犯错，这都是常见的现象。出了问题不可怕，可怕的是不敢正面面对，不想从根本上解决。总有借口的人在工作中除了遭遇到了实际的困难以外，更多的是他自己的原因。再举一个很简单的例子，许多男性在恋爱约会时十分守时，但婚后却开始找借口晚回家甚至不回家，不是他不明白，是他装糊涂。工作中也是同样的道理，如果一名员工对工作有激情、有兴趣，他自然会全力投入，准时完工，也很少迟到，他就会有强烈的闭环思维。但如果他对工作缺乏兴趣，不喜欢老板、不喜欢同事、对待遇有怨言等，就会找各种各样的借口怠工。这样的人在企业中是没有未来的。

别找借口，要找方法

"借口"会让你的错误越犯越大。员工应该清楚地明白自己在企业中的位置和承担的责任，以一种"常有理"的方式来对待拖延、迟到和怠工并不能解决实质性的问题，相反还会让你和上司、同事的关系更加紧张，往后的工作更加难以开展，必然犯下更大的错误。一个对自己、对公司负责的人是绝对不会这样做的，因为不负责任的员工到哪儿都不可能有好的前途。如果有一天你发现自己变得爱为错误编织理由，把责任推到别人的身上，你要深刻地反省，到底真是客观因素导致的还是自己本身的问题。

多找方法，才能清除障碍。工作上遇到困难时，不要只想着如何应付老板的询问。事情没做好，怎么解释都改变不了一个坏的结果。当时间尚允许时，一定要先想办法解决，比如将自己面临的困难分为几个等级，先处理掉一些低级的困难，再逐渐地去处理那些高级的困难，同时将解决方案汇报给上司，这才是员工最应该做的事情。

时刻将公司利益放在首位

时刻将公司利益放在首位，是我们在企业工作最基本也是最高的法则，管理者要考虑企业的利益，员工也要为公司、为部门和自己所在的团队着想。这体现在一个又一个的小事中，如凡事为公司考虑，而不是替客户出谋划策。

开会时，小辉拿着一份合作意向书向大家做介绍。他说自己看了客户上下游的采购、销售合同和成本统计，对方要的价格确实已经最低，因为算上物流、包装、库房的费用，客户真的不赚钱，而且来北京谈了那么多次，也花去不少出差费用。他劝公司接受对方的价格，说："如果我们坚持下去，对方一定会亏损的，我们应该也替客户考虑一下。"

小辉说得很动情，但会议室的同事不高兴了，我也不高兴："你替合作公司考虑了这么多，是心太好还是收了对方的好处？"小辉急忙辩解："老板，你别这么想我，我是觉得大家都不容易。”我说：“公司不确定你是否收了客户的好处，但我能确定公司给了你薪水、奖金、提成，你为什么不多替公司考虑一下？客户不容易，我们就容易吗？你这不叫心态好，叫摆不正位置！”

你替公司思考过吗？

小辉犯的错误说大不大，说小也不小，表面看是想让公司和客户合作顺利，互相满意，本质上却是屁股坐到了错误的椅子上。你是谁的员工，拿谁的工资，就要全心全意地为之奉献，用成绩说话，帮公司赚取最大的利润。在有机会时主动将利润往外吐，从闭环思维的角度看，小辉给出了一个负反馈。

当你觉得客户不易时，千万别着急用实际行动为他们谋取福利，先替自己的公司思考一个问题：“公司发给我薪水，老板安排我做这个工作，同事这么信任我，是让我干什么呢？”人们在企业中上班，如果说是为了让企业发展壮大，将公司当成自己的家，多少显得有点假，因为人们从事所有的工作最终目的都是为了获得一个广阔的发展平台、可观的薪水、实现价值观的机会等。但公司如果不好了，这些个人目的都不太可能实现。公司搭台，员工唱戏，双方的利益在大多数时候是一致的。

公司好，大家才能好

需要强调的是，由于市场的变化与企业经营政策的调整，员工的个人利益某些时候与公司并不一致，两者的利益会产生一定的冲突。比如小辉做业务时遇到的情况，对方肯定在商谈合作时给他许诺了一些潜在的好处，或者是该项合作在价格上能直接为他带来的收益不足以抵消客户给予他的回报，让他产生了替客户说几句好话的动机。这很正常，但如果你在工作中也是这么想的，就等于放弃了用闭环思维指导自己的工作，离淘汰出局也就不远了。要知道，先有了公司给你的源源不断的机会，你才有了赚钱、学习技能和施展抱负的可能。如果偶尔牺牲一下自己的小利益成就公司的大利益都做不到，公司为何给你未来的机会呢？这等于堵死了自己的前途。

所以要多为公司考虑，让自己的利益在公司利益的基础上得以实现，这才是一条光明正大的途径。

把公司的钱当自己的钱对待

《节省金钱的指导》的作者大卫•斯考特是管理学界的权威，他提出了一个著名的观点：减少企业运营成本的两大渠道，一是企业在制度和业务流程层面的规定，约束员工控制与工作相关的支出；二是要培养员工主动节约、替企业省钱的习惯。从第二点看，能够主动考虑减少企业成本的员工，不仅是敬业的，也是忠诚和可靠的。

公司的一名业务人员小赵为了拿下一个订单，想申请 1 万元的招待费用于公关，财务根据制度不敢批，但那个客户又很重要，就把单子报到了我这里。我让小赵当面阐述理由，他说："我跟了这个客户很长时间了，现在就差一点点，我用这笔费用好好招待他们，肯定能签下合同！"

我反问："是 100%的肯定？不会有意外？"

这时小赵的底气又不足了，回答变成了"把握很大"。我说："那好，这笔钱就别从公司出了，我个人出 5000 元，再从你的工资扣 5000 元，你去招待客户。如果签下来了，公司还给你 1 万元，你还多赚 5000 元，提成奖金一分不少照样给你，怎么样？"小赵一听，脑门立刻冒出了汗："这……万一签不下来呢？我还是再想想吧。”

刚才还信誓旦旦地宣称把握很大的小赵，一听我要拿他的部分工资当赌注，马上就立场动摇了。花公司的钱不心疼，但涉及自己的利益时，态度就有了变化。举这个例子的目的是想说，员工在追求一个项目的最大利益时，要把公司的钱当自己的钱去花，要有成本预算的观念。比如小赵，他在申请这1万元招待费时，脑海中应先思考两个问题：

第一，这笔钱的胜算有多大？如果这是一桩双赢的好生意，客户真的需要一次高规格招待吗？

第二，为了拿下一个订单，牺牲公司的制度、打破招待费用的上限有没有必要？如果没有必要，为何要冒这个风险？

斯考特建议企业的管理者给员工灌输“财务主人翁”的观念，花每一分钱时都要当作在拿自己的储蓄进行投资，企业花钱就像买股票一样，没有确定的上涨，一笔钱花出去就没了，但能否有收获却一点也不确定。假如员工将自己的钱和公司的钱分得很开，一门心思想拿公款去“讨好”客户，就说明这家企业的管理出了大问题。

我以前担任公司的中层人员时，为公司节省成本的观念很深，也积累了很多的经验，比如我会购买能够重复利用的打印设备，使用可在网上下载的免费表格，久而久之，把这些小费用叠加起来，就为公司省下了很大一笔钱，反过来便增加了公司的效益。企业的员工都要养成这样的好习惯，才能帮公司管好钱，并让自己的工作产生最大收益。

反复的人或事，都不可取

有句话叫“当断不断，必受其乱”，公司要发展，就要多做靠谱的业务，多结交靠谱的客户。这是老板的目标，也是员工的责任。老板要有一双火眼金睛，把好大方向；员工要在实际的工作中体现效率，别在不靠谱的业务和客户身上浪费时间。让企业不断成长，管理者和员工双方都有责任。

有一次我把客户刘先生的项目支援全部撤掉了，负责这个项目的小辉不解地问：“刘总那边的项目很大啊，您为什么放弃？”我说：“原因很简单，这个项目谈了两个多月仍毫无进展，你想想从你的手中流失掉的客户有多少了？你天天在忙，可为公司带来的成交订单有多少呢？时间都在扯皮上了，是不是？”小辉还想说服我：“老板，您不明白坚持的道理吗？坚持才有收获啊！而且刘总刚才说，他考虑上调对我们公司的报价预算呢！”我说：“就是因为他又调整了报价，我才决定放弃的。记住这句话，易涨易退山溪水，易反易复小人心。今天他为了不失去这个生意提高报价，明天他也会因别的理由突然又调低报价。以后凡是这种反复的人、事，都要多留个心眼，别在上面浪费精力！”

石油大王洛克菲勒在崛起初期的时候，曾跟合伙人说过一句话，就是“不要跟鬣狗合作”。短短几个字，他就把生意原则描述得淋漓尽致。因为鬣狗的警惕性强，习性狡猾，反复无常，和这种客户合作就像在跟飘忽不定的布条玩游戏，他们容易失信，也缺乏长期和坚定的思路。所以，失去他们对公司是好事，而总与这样的客户合作，对公司的长远利益反而是一种巨大的伤害。

找替罪羊会让自己也变成替罪羊

小杨最近有一个烦恼，虽然自己是公司搬家事宜的全权负责人，但其实她也只是执行上司人力资源总监茉莉的方案。小杨在工作中发现，茉莉提出缩减办公室面积以及缩减公司费用的想法有些不符合实际情况，但却不知该如何处理。不过，她觉得茉莉提出这样的方案，肯定是和老板商议之后的结果，自己照做就行，不需要想那么多，反正出了问题会有上司负责。

于是，小杨就开始着手办理这件事，单纯地执行上司的方案，并没有提出自己的疑虑，发挥自己的主观能动性。结果在具体实施的过程中果然发生了意外，装修的方案根本行不通，办公室格局的设计也并不科学，使公司多花了一大笔钱。

这件事，小杨应该在自己一开始心有疑虑时，就主动找老板提出自己的不同看法，站在为公司考虑的角度与老板商议出一个新的方案，或者事先利用自己的人脉去了解一些潜在的问题。对于具体的装修，应该事先做好几个针对性强的计划，交给老板选择，以便制定有效和可行搬迁方案。

结果小杨没有，她侥幸地以为上面有人顶锅，便漠不关心方案的可行性。现在出了问题，老板自然是没有错的，因为他不是任务的执行者，茉莉呢？茉莉提出了一个方案，作为实施者的小杨就该在此基础上使之变成现实，有问题就该及时地调查和解决。这是小杨的责任。所以，原本指望让别人做挡箭牌的小杨反倒要对整件事情负责了。

上司做出的决定未必就是正确的，他可能不了解情况，只能给出一个大体的方向，这要求员工执行时多做一些准备，务实地执行，也要灵活地变通。但是小杨没有，所以装修出了问题，小杨作为执行者是第一责任人。她应该第一时间勇敢地站出来承担这个责任，最大限度地补救，而不是寄希望于上司替她背锅。

企业最需要的是员工解决问题的能力。员工的能力靠解决问题体现，小杨应该搜集所有同事对新的办公地点的意见和市场上可行的方案，做出几套行之有效又满足大多数人需求的计划，再交给上司和老板决定，形成稳妥的方案再去执行。这么做虽然增加了工作量，但会减少很多麻烦，也能体现自己的工作能力，赢得同事的认可和老板的赞赏。能切实地解决问题，才不至于成为替罪羊。

不要觉得自己有替罪羊就可以免责，找替罪羊的行为只会让自己成为牺牲品。如果事态已经偏离了轨道，那么就要勇于承担，而不是想让别人替自己遮风挡雨。企业需要的是敢承担和勇于负责的人。出了事急着找替罪羊，结果很可能是自己成为那个牺牲品，不会取得老板的认可。这也是一种侵犯企业利益的不良行为。

有备才能无患

去客户公司开会前，我问田秘书准备工作做得怎么样了。她告诉我，PPT 已经按人数打印好了，每个笔记本都带了外接电源，鼠标电池也换了新的。我摇摇头，叮嘱她："鼠标电池要多备一节，笔记本电脑电池多带一块，打印的 PPT 也要多带上几份。"田秘书吃惊地问："至于吗？会有那么不走运吗？"

"不怕一万，就怕万一。万一鼠标电池买的是假的呢？万一会议室的电源出了问题呢？万一客户公司多来几个人开会呢？多准备一下，就算不走运，也不用害怕了。"

比如有一次，公司的一位经理在一个公交站牌下等车，他的身边有位等车的人左手拿着公交卡，右手却拿着两枚一元的硬币。问他原因，对方说："有些公交车没有刷卡机，所以我才做了两手准备。"这位经理回来就很感慨，如果我们的员工都有这种思想，工作中的麻烦事就会少很多！

事实上，许多意外情况的发生都是由于我们未能做好充分的预案，没有想到那些突发情况，并提供第二、第三乃至第四个计划。在工作中一定要准备多套备用方案，把方案落到实处，有备才能无患。那些工作认真、办事细心的人，他们善于考虑到一切情况，预估问题的变化，想好了再去做。他们凡事都可以做好最坏的打算，以免事到临头，却没有应对之策。

第二章　带着建设性意见和领导沟通

谁负责就听谁的

有一次，我把员工小周交上来的设计图打回去重做，她很不解地找我要说法。“老板，我花了好几周才做出来，我觉得很完美，为什么让我重做呢？”我说：“字体太花哨了，重新换个字体，不符合公司产品的需求。”小周一脸很窘的表情，又说：“这可是我花了很多时间精心挑选的字体呀，我觉得咱俩的审美不同，您再仔细看看行吗？”我回复道：“你工作是为了满足我的审美还是你自己的审美呢？回去重做，再想不通我就换人。”

第一，管理者比下属更了解公司产品的需求。管理者对产品设计、开发的定位，下属应该绝对执行，不能打一点折扣。下属当然也可以有自己的想法，但应该在执行前的产品会议上提出，由管理者决定是否采纳。这是每一名员工都应具有的执行意识。

第二，上司的指令不是针对谁。上司提出的修改意见，肯定是来改善员工的不足，不是专门挑毛病。对事不对人，是上司审视或批驳员工工作的主要原因。所以，当员工交出的结果被上司挑剔、批评或否定时，别以为他是在针对自己，要虚心接受并且纠正自己的错误。

第三，谁负责就听谁的。在企业中，往往是管理者对结果负责，员工却负不了责，所以员工必须听从上司的安排。在闭环思维中这是一项很重要的原因，企业的管理层级环环相扣，每个人都是这个系统中的一个环节：向自己的直接上级负责，交出合格的结果。

谈判对象是客户，不是老板

销售经理小王谈一个订单很久了也没搞定，终于有一天他找我正式谈了，看上去有了结果，但他说：“老板，客户还有三点意见，第一是觉得报价有点高，希望咱们再便宜点。第二是觉得咱们的工作周期有点长，希望能缩短一点。第三是……希望我们再让一点利润给他们。”我问：“然后呢？”小王说：“您要是都同意，今天就能签合同。”

我说：“小王啊，你拿着公司的薪水不去跟对方谈判，反而是替客户来跟我谈判，对吗？这样吧，这个合同签了以后，你的提成别要了，上个月的绩效也打几个折，这个月的工资也晚几天给你发，怎么样？”

小王一脸发绿地出去，找客户重新谈判了。

以前有本畅销书叫《你到底在为谁工作》，这个书名起得非常好，一个人为了谁工作，就要向谁体现出自己的价值。从某种程度而言，我们可以通过一个人对待工作的态度而深刻地了解他，也能看到他的生活观和价值观。在职场上这是一个需要优先解决的问题——我们进了一家公司，是为公司谋利益，为自己谋福利，还是为客户行方便呢？

就拿小王来说，他代替公司去跟客户谈判，那么他的谈判对象就是客户，而不是自己的公司和老板。他必须要站在公司利益的角度上，去要求客户做出让步，而不是为了拿下这个订单，反过来让老板同意客户的要求。假如他以后以这种思维方式工作，那他等于是在为客户打工，充当了替客户从公司攫取利益的角色。在任何一个团队中，这种行为都是不可取的。

从闭环思维的角度讲，老板交给了你一项谈判的任务，就等于赋予了你全权决断的权利，你就要一个人搞定客户，拿回让公司满意的结果。在这个闭环的系统中，并不包括你替客户争取权益这一项。你当然可以反馈客户的要求，但你必须有能力辨别哪些要求是合理的，哪些要求是不合理的，然后自己予以回应。如果你让老板考虑和决断，实质上便是角色的错位，作为员工来说，你就失去了最根本的价值。

公司是老板的，工作是自己的

现实中许多人对待工作和薪水是双重原则，讨论工作时能少做一点是一点，尽量让同事和老板分担，涉及薪水时能多争一分是一分，发少了就满腹牢骚，从来不想想自己为公司做了什么，只愿意思考和算计公司为自己做了什么。福利少了，抱怨；工资扣了，不满；工作多了，仍然是满腹的怨气。可是拉出他工作的成绩单，看看他的考核结果，公司也并没有亏待他，他的得到与付出是相等的。这类员工的问题在于：他们对于公司有很高的要求，却始终不明白自己承担的义务和责任。

先做好自己的工作，这是最起码的要求

马上中秋节了，行政小刘过来请示："老板，中秋聚餐去哪家啊？"我问他选了哪几家，让他报上来看看，结果他还没选。我反问："你是来让我自己去选几家，然后拿来向你汇报，由你来做决定吗？"小刘慌忙回答："不不，这是我的工作。"他飞速地离开，又飞快地回来，拿着一份餐厅名称表，说："老板，这几家都不错，您定一家吧。"我问他价格范围，他又回答不上来了："这个……我还没仔细看。"我生气地说："那就是我来做预算，然后向你做汇报，你来最后拍板儿呗？抓紧去研究，要做好价格表还有餐品类型，要考虑到公司同事的饮食习惯，明白吗？"小刘面露愧色地说："我马上调整，对了，老板您怎么能注意到那么多细节，我却注意不到呢？"

我对他说："因为我认为公司是我的，你如果不认为公司是你的可以理解，但你至少应该认为工作是你的。做好自己的工作是最起码的素养，听说上个月你还申请涨薪，可如果这都做不好，公司又怎能给你提高薪水呢？"

不要只为薪水做事

我曾经给员工讲过一则故事：一个监狱中收押了三个要被关上三年的罪犯，在他们入狱前，监狱长说要答应他们每人一个要求。第一个是美国人，他喜爱抽雪茄，于是他向监狱长要了几箱雪茄。第二个是法国人，浪漫和风流的他向监狱长要了一个美女，陪着他度过漫漫的三年。第三个是犹太人，他向监狱长要了一部与外界联系的电话。

然后三年很快就过去了，三人也都将获得自由。在被放出监狱的时候，美国人最先冲了出来，并大声叫嚷："火，给我火！"原来美国人要了雪茄却忘了要一个打火机，三年，他都没有抽到一根雪茄。第二个走出监狱的是法国人，他带着那个美丽的女人，以及两个孩子，有了一个幸福的家庭。犹太人是最后走出监狱的，他举着电话，高兴地与监狱长握手："谢谢你！因为你，这三年我的业务一点也没有耽误，我决定送你一辆车以示感谢。"

讲完这则故事，我对员工说，一个人要创造未来，最需要的不是看到未来，是对当下做出一个明智的选择。明白现在该做什么，然后立刻去做，才能为未来打下基础。现在只想薪水、想回报的，就是第一个要雪茄的美国人。作为企业的员工来说，要杜绝自己这种短视的想法。

像小刘这样的企业员工非常多，为了薪水在打工，但又不清楚自己是为了什么工作。所以很多人在一家企业中辛苦工作了十几年，薪水增长的幅度却很一般，远不及那些刚入职一两年的新人。只为了薪水打工，就会犯下小刘的错误，即把公司看成老板的，把自己的工作也当作了别人的，只想享受企业的福利，却没干好本职的工作。

当我们把眼光放在暂时的利益而忽略将来的发展时，生活也就不会发生太大的变化，很多年后自己也不会有什么成长。我们的每一个选择都影响着未来，当下的每一步也决定着明天的收获。员工一定要精准定位自己的责任，做好分内的工作，不要得过且过，才能最终做出一定的成就，从老板、同事那里获得回报和尊重。

及时汇报，别等雷劈

我问小龙："最近的几个项目跟进得怎么样了？"小龙像

被雷击中了一样，连忙说："啊，老板，我最近手头活挺多的，还没来得及跟进。"这种情况在他身上出现过好几次了，虽然他很有才能，业绩也很好，我也不能再听之任之，便警告他：

"第一，作为上司，我每次给你安排的任务都是你能完成的工作量。如果你总是不能按时完成，说明你的执行很差，这会影响我后面给你安排其他任务。你要知道工作是不等人的，你在规定时间内做不完这件事，公司就要考虑换其他人来做后面的事。"

"第二，如果你真的做不完，就要及时跟我汇报，不能等我问你再告诉我'实在做不完'。要及时汇报，别等雷劈。这也是对工作、对上司的尊重，是最基本的工作素质！"

现实中我们很多人做事情不汇报，或者说一半留一半。你只做了一点点，别人可能以为快做完了；你已经做好了，别人也可能怀疑你根本没有开始做。上司和下属之间的矛盾有很大一部分都源于沟通、汇报不及时。一方面，是上司给予的压力太大，让员工觉得汇报工作就意味着挨批评；另一方面，是员工的进度有问题，因此不敢向上司汇报，拖一天是一天，直到上司找上门来，自己兜不住了再交底。要改变这种局面，员工对于工作就要采取建设性的思维，有问题及时说，而且是立刻说，就自己的想法提出建议，听取上司的观点。只要及时沟通和汇报，再难的工作也能顺利地做好。

让上司随时知道你在做什么

作为管理者，上司当然是十分关心下属的动态的，同时下属也需要接受上司的帮助和指导，所以让上司知道自己在干什么、进度如何、遇到了什么问题等是十分有必要的。因为上司和下属虽然常常都在一个办公区，但因为彼此的职责不同，都在忙着自己的事情，所以交流的时间其实很少，互相也可能并不知道对方的工作内容。

让上司知道你在干什么，也是对你自身的一种帮助，因为管理者往往比下属更具有职业经验，更了解某些风险，及时地让他了解你在做的事情，进行到了哪一步，他就能帮助你避开风险，或者给你一些帮助和建议，你会比自我摸索更加快速地成长。

如果什么都不让上司知道，彼此之间就会缺乏沟通，上司不清楚工作因何拖延，下属也觉得自己不被理解，同时也不能得到上司的指导和帮助。千万别觉得这是一种被公司监控的方式，不要害怕上司挑出你的毛病，因为批评你并不是上司的目的，他只是想让工作顺利地完成，也想让员工在工作中得到成长。这些批评和指导在很多时候决定着一名员工能否快速地进步和独当一面，所以工作有问题一定要及时找上司汇报、沟通，以免错过最佳时机。

如何跟上司有效地沟通？

第一，认清沟通双方的角色。

你要清楚地意识到自己是在跟上司沟通，而不是和同事或朋友交流。他是老板，你是员工，要避免出现随意和不负责任的态度，时刻注意自己的言行，尊重上司的身份和他的权威。

第二，了解上司的特点。

你的上司脾气是暴躁还是温和，是固执还是灵活，你都要十分清楚。对于暴躁和固执的上司，一定要采取迂回和委婉的方式汇报工作，注意引用各种数据；如果你的上司是温和以及灵活的风格，那么可以大胆提出自己的建议，充分表述自己的看法。

第三，以公司为核心。

汇报工作时的态度，必须站在公司利益的立场上而不是个人立场。假如你的工作没做好，向上司说明理由时又频频维护个人的利益，强调客观原因，上司就会认为你心中没有公司，只有自己。一般来说，这样的员工是没有前途的。如果你事事以公司利益为先，即便工作没做好，上司也容易表示理解，还会给你机会，汇报工作时就不会有太大的麻烦。

“我”对公司举足轻重吗?

大多数人都很清楚，对于一家公司来讲，那些“举足轻重”的人永远不会是普通的员工，而是老板和管理层的成员，他们才是企业的核心和业务的支柱。员工一定要深刻地明白这个事实，对自己做出准确的定位。

有的人会因此而灰心，不是老板，也成不了公司里面举足轻重的人，那我在公司做这份工作还有什么意思呢？所以不少人便自暴自弃，得过且过，当一天和尚撞一天钟。但事实恰恰相反，只有你对自己做好了角色定位，才能在公司中迎来事业的春天，打开上升的通道。

像老板一样思考，拥有更宽的视野

首先，你要学会像老板一样去思考，换一个高度去考虑问题，那么自然会开阔自己的眼界，从前关心的问题也许就会发生变化，也更能做出一些有利于公司宏观发展的决定。之后，工作能力就会得到提高，自然也就提升了自己对公司的重要性。

老板，其实就是员工的典范，是员工应该学习的目标。遇到事情，你可以想一下，如果我是老板，我该如何处理这件事？我还会采用当前的方法，还是这种凡事无所谓的态度吗？用老板的心态去考虑问题，时间长了，你自然会拥有一种企业中坚的工作态度，放大自己的价值。

为公司着想，把工作做到极致

始终为公司着想，才能用自己的能力提供最好的结果，换取最好的回报。不少人容易犯这样一个错误，即认为自己所做的工作是为老板做的，眼里只有老板，没有公司。他们不明白的是，一个员工能够把自己当作公司的老板，处处为企业着想，老板才会感觉到你是真的在帮他。老板的利益也是来源于企业，他最需要的恰恰就是一心为企业的员工，那么这样的人便很容易赢得老板的青睐，比其他员工有更好的晋升空间。

作为老板来说，他们其实并不喜欢每天朝九晚五、按部就班工作的员工。他们最希望看到的是，所有的员工都能真正地将公司的事情当作自己的事情来做，为公司省钱，让上司省心，让团队的利益最大化。站在老板的角度考虑问题，我们才能更加深刻地了解老板的过人之处，以及体会到老板的不易。所以，别在乎自己是不是对公司举足轻重，要注重长远的发展，把自己作为公司的主人进行定位，履行好职责，积极把握机会，早晚都会成为企业中非常重要的一员。

事业心决定你的事业高度

有一次，员工小 A 隔了好几天都没把仓库的货发走，客户催了好几次，他仍无动于衷。我实在看不下去了，便叫过来问责。他理直气壮地回答："老板，没有包货的泡沫了。"说完还用期待的眼神瞄着我。我问："为什么没了，没买吗？"他惊讶地反问:“您昨天在看销售泡沫的网店,我以为您买了呢……难道没有吗?”我感到好气又好笑:“我怎么不知道我买了?买泡沫是谁的事?”小A这才低下了脑袋说:“我的。”“那我凭什么替你做?”他顿时无话可说。

我告诉他:“没有经过请示沟通,就胡乱猜测领导的意思,还擅自改变工作流程,而且不是多做工作,是少做了工作,耽误了客户的收货,这是偷懒,是很严重的行为!要挽回错误,就抓紧去买泡沫包货,迅速发走,并向客户道歉!”

不管你现在身居哪一个职位,你都要明确一个事实,那就是——你是你工作的CEO,是你负责自己这家“单位”的日常运营,是你决定着“你”这家单位的未来走向,你的每一个转折点,都需要自己做出决定,而不是别人替你铺路。所以,不要胡乱猜测上司的意图,也不要天真地认为上司会替你做好你自己应该做的事。

提升职业认知度,主动做好分内事

人们都习惯于将自己看得很高——我的能力很强,当得起更好的职位，配得上更高的收入。但当你把自己的位置放得更高时，就该有一个更高的职业认知度，要明白自己的人生高度并不仅仅只限于找好的工作，而必须在眼下的工作中挖掘更大的机遇。怎么挖掘？就是寻找那些没有被满足，但你的能力恰恰能填补，且是你分内事的工作需要。比如小 A，他发现泡沫没了，就要第一时间主动地下单购买，自己去解决这件事。这是一个非常重要的认知问题，体现了他的事业观，也决定了他的事业高度。

勤于思考，积极行动，才能有更大的事业成就

在寻找自己的事业机会的时候，你就要避免像一个雇员一样被动地去思考，应该满脑子都是如何把这件工作各环节全部做好，别总等老板的督促。只有采取这样积极的思考方式，才能让你在工作竞争中日渐占据主动，成为深受老板和客户信任的人。

员工平时要多学习，多经历，同时也要保持一个主动思考的大脑。当然，这一切你都不一定要在同一家公司完成，

是一个长期的成长过程。但至少，你要从一个又一个的小问题做起，懂得管理自己，完成自己的工作，为公司贡献自己的价值。

第三章　老板思维也是闭环思维

公鸡和母鸡的价值

有个员工找我请三天假，理由是工作太累了，想休息几天。我问他："你的福利假期和事假都已经用完了吧？"他苦着脸说："是啊，可是我真的很累！您扣我的钱吧，让我好好睡两天。"我说："好，那我给你两个选择：一、自己申请离职，不用再工作；二、继续工作，不能请假！"员工觉得我不人性化，他一脸"你真残忍"的表情，我只好告诉他一句职场真理："不是我不人性，是你太任性。送你一句话：母鸡一天一个蛋，汤锅靠边站。公鸡一天一打鸣，主人刀下也留情。"

葛优在电影里说，21 世纪最缺的是人才。但是 21 世纪最不缺的又是什么呢？是人！人在公司中既有“人”的生命属性，同时又有公鸡和母鸡的工具属性。既然是工具，就得对公司有价值。没有价值的工具会第一时间被抛弃，因为公司不能容忍任何无效支出。

公司不是人生的温床，老板不是随时都包容你的父母，如果一个员工没有了利用价值，不能给公司带来利益，就像公鸡和母鸡一样不具备打鸣和下蛋的作用，那么不仅老板会将你淘汰，整个市场都没你的容身之地。所以员工要清楚地明白，工作不相信辛苦的眼泪，只相信贡献带来的价值。

必须做一个无人能取代的人

无双从英国的一所知名大学毕业归来，进入了国内一家化妆品公司，老板十分看重她的留学经历，经常在众人面前表现出对她的器重。不久之后，无双要与公司的老员工玲玲合作做一个产品的策划，为了表现出自己的实力，她积极地出着点子，修正着自己的想法，和玲玲一起把策划方案交给了老板。

老板非常高兴，对无双提出了表扬并提高了奖金，任命她为公司策划部的总监。但是时间长了以后，无双却感觉自己有点被掏空了，创新能力下降，思维僵化。后来几个月的方案都是玲玲一手操刀，而且不再依靠无双就能独自把方案做出来。不久之后，无双就被玲玲取代，受到了老板的冷遇，很快便离开了公司。

现代社会的工作环境是残酷的，闭环思维的根本原则就是反馈结果，创造价值。一个靠谱的员工必然是有价值的，能源源不断地为企业做贡献。我希望每个正准备进入职场或已经身在职场之中的人都清楚这个道理，千万不要活在自己编织的美丽梦境之中，以为企业会给你调整的时间，会体谅你的心情。因为每个人都面临着被同事取代、被市场淘汰的危险，今天也许公司还当你是块宝玉，明天可能你就会被踢出局。一切取决于你的贡献和价值，而不是你付出的辛苦和心血。

很多人被要求离职时都很愤怒，包括 BAT 的那些优秀人才，有人说：“我在公司这么久，没有功劳还有苦劳，为什么要这样对待我？”面对这样的境遇，抱怨是人之常情，我们可以理解。但最重要的是你要懂得，如果你在公司不是一个无法被取代的核心人才，那么公司早晚有一天会择机找人替换你。在这一点上，普通员工和管理者是平等的。

有价值才有地位，没价值就会被抛弃

在对下属的培训和教导中，无论他们遇到了什么困难，我都有一个准则，就是告诉他们不在别人身上去找原因，而是先在自己的身上找问题。

要冷静地想一想：

为什么别人请假立刻批准，我请假就只能写辞职书？

为什么我每月全勤，到手的工资还不如休假半月的同事？

为什么老板看见我就拉着脸？

为什么重要的项目同事不想跟我一起合作？

为什么公司会不需要我了呢？

这几个问题都与价值有关，是我们能回馈给公司的唯一能决定自己地位的东西。只有让自己的价值无可替代，才能在工作中免除后顾之忧。否则，你随时都有走人的危险。面对这种工作中的“离职困境”，一定要及时地看清自己的劣势，从自身找原因，提升自己的能力。当你有了别的员工所不能提供的东西，就能变得无可取代。到那时候，你去请假，老板只会嘘寒问暖，决不会用公鸡和母鸡的故事敲打你。

老板拿什么拯救你?

上个月，我给小李发了一张图片，让他照着图片的效果把新的广告方案修饰一遍。小李显出一脸难堪的表情说："老板，我看见那个了，有点难啊，我可不会做。"我说："这样吧，现在网上有开课，每天晚上花 1 个小时在网上上课，你也去学学吧，我给你出学费!"

他答："算了吧，我晚上都没有时间。"

我说："让你做你不会，让你学你又不学，那好吧，你来告诉我个方法，我该怎么救你？"

不努力也不学习，没人能救你

小李的表现是许多企业职员的共性，平时工作不努力，不会的技能也找各种理由不去学习。我们从小就听过一句话：谦虚使人进步，骄傲使人落后。对于用人单位来说，人才是重要的，但无论你是能力多么强的一个人才，进入职场你都要注意，总有你不会和做不了的事情，一定要保持谦虚和一颗上进心，抓住学习、进修的机会，否则关系再好的老板也救不了你。

有一家食品公司的苏经理，一直以为自己享有一个良好的口碑，因为不管在什么时候，如果他发现公司的决议不妥时，哪怕是高层，他都会立刻指出来。他认为自己是一个能及时看清问题的优秀雇员。但与大多数对于自己的缺点浑然不觉的人一样，苏经理也没能认识自己身上的问题，慢慢放松了对自己的要求，不再像以前那样及时充电，对工作懈怠起来。这一点，差点让他在事业上栽一个大跟头。有一次，公司开会时讨论到一个议题，老板让苏经理谈谈看法，他发现自己对这个议题根本不懂。平时早就等着看他笑话的同事们，此时冷嘲热讽，让脸面尽失。

会后，老板找他谈话，对他说："如果你还是保持这种松松垮垮的状态，不仅你和同事的关系好不起来，你的事业恐怕也要到此为止了。"苏经理犹如醍醐灌顶，他很快重新参加了一些培训班，学习最新的知识，提高工作技能，在处理同事关系时也变得更加谦虚，逐渐扭转了同事对自己的评价。

许多有着出众业绩的优秀员工和管理人员也都会面临降职甚至解雇的风险，究其原因，就是他们以为自己有着辉煌的过去而放松了对自己的要求，在工作中坐在功劳簿上，不再努力，也不再学习。这种态度保持下去，是不会有好结果的。

最忌讳的是“吃老本”还骄傲自大

第一，骄傲自大、从不学习的人，是在自讨苦吃。要及时地看清自己这一缺点，并且积极地改正，使自己谦虚谨慎，才能在工作中越走越远。否则，就会有失去这份工作的危险，想在残酷的竞争中再找一份新工作也很难。

第二，不会没关系，不努力提高才是问题。不管是生活里还是工作中，我们都难免会出错，都有自己不懂的问题，这并不可怕，因为人无完人，没有任何一个人可以保证自己能处理所有的问题。但重要的是，我们要从问题中汲取教训，不要在一个地方跌倒两次，要努力提高工作的水平，学习最新的工作技能，才能体现自己在公司的价值。

凭什么跟老板谈判？

小李在实习期时找我谈过一次转正的问题，他很着急地说：“老板，您看我都来公司两个月了，能不能给我提前转正呢？”

“为什么要给你提前转正？请告诉我一个有说服力的理由。”

小李一说一大堆：“我不迟到、不早退，领导让我干的都干了，同事要帮忙的我也都积极配合。”

我说：“哦，不迟到、早退就值得骄傲啦？有没有做过别的？迟到、早退、不干活、不听话的没过试用期就都被辞退了。只是这个原因就想提前转正，那么跟你一起进公司的有没有提前转正的？”

小李立刻说：“有！好几个呢，上周签了正式工作合同。”

我说：“为什么他们能，你想过原因吗？他们不光做到了你说的这几点，而且表现出了和正式员工一样的工作能力，创造了很多的业绩，所以公司根据规定提前让他们转正。不过既然你问到我了，我努力尝试着做个错误决定吧：不能给你提前转正。”

小李的嘴张得老大，说：“老板，那如果是正确决定，该是怎样呢？”

我说：“立刻辞退你。”

现实中人们都遇到过跟老板谈判的事情，工作久了想提条件，实习期快到了想转正，项目开展时想获得更多的资源，或者是升职、调岗之类的，都需要老板点头。但是，并不是所有的事情都能毫不犹豫地答应。企业不是慈善机构，是一个需要利润的组织，谁行谁不行，完全看你给企业贡献出的利润，而不是看你的态度。有态度是基础，有价值才是王道。当你想跟老板谈一谈、提一些条件时，必须先掂量一下自己在他眼中的价值。

第一，没奉献出足够的价值，就没有谈判的资格。我对公司的人多次讲过一个原则：你想升职、想得到上司的青睐，很简单，拿贡献来谈。有了贡献，不用你提要求，公司就会主动满足你的心中所想。贡献出的价值有多大，公司能给你的就有多少！而如果没贡献出价值，那么你就没有任何谈判的资格。

第二，提高能力，成为公司不可缺少的人。为了让老板另眼相看，你需要提高自己的能力，尤其是为公司赚钱的能力。比如，不是每天早到晚退，而是用最少的时间做出最好的工作；不是努力表现勤奋，而是悄悄地就拿下了一个大订单，或者用自己的工作减少了公司的支出等。这样你才是公司不可缺少的人，老板也才有可能满足你的要求。

你凭什么加薪？

就像前面说到的，你贡献了多少，公司回报你多少。加薪和升职完全按照这个原则，在所有的企业中都是这样的，没有例外。现在很多人都在研究如何跟公司谈判，获取最大的收益，但谈判的本质不是索求，而是双方付出与回报的博弈。你从公司获得的收益，是与你的付出相挂钩的。所以当你想找老板谈工资时，要先问一下自己："我凭什么让老板加薪？"

公司销售部的某员工曾找我正式地谈过薪水的问题，他的理由我也很理解，北京的生活成本很高，除去昂贵的房租，还有日渐增加的生活支出，许多水果的价格高得吓人，以至于买得起它们也成为一种人人向往的"自由"。更何况，公司最近的效益不错，他带领的团队又签下了几个大单，所以他觉得是开口的时机了。

不过我告诉他，我暂时不能为他加薪，原因有三：

第一，客户是我找来的，谈判是我谈的，他只是全程跟着做了一些事务性和辅助性的工作，这些工作不具备独特价值，因为换了别人也能做。

第二，与客户签单的过程不是由他的团队独立完成的，其他的团队也帮了忙，大家都有贡献。

第三，能签下那些订单的一个重要的原因，是因为公司愿意打折，牺牲了应有的利润才换来了这些业务，并不是他说服了客户。

但是，鉴于他的工作能力很不错，态度也端正，我跟他做了一个约定："当你可以自己找来客户、独立完成全单、全价签下合同，我就给你上调一级薪资。"这才是一个人可以加薪的资本。经过我的解释，这名员工从这个透明的标准中了解了情况，对未来也增强了信心。

公司对你的奖罚一定有道理

工作中有的人加薪了，有的人却被扣掉了奖金甚至削减基本工资，在公司内部被降级。这都很正常，每一家公司都有它的绩效考核系统，针对的便是员工价值的变动和评估。人在企业中的价值不是恒定不变的，而是动态发展的。比如，去年你的能力不强，为公司的贡献少，收入自然低，说明你的价值低；但今年你积累了经验，工作能力进步飞速，为公司的贡献大了，收入自然增加，说明你的价值得到了提高。

有一天员工小陈找我抱怨道：“我和小胡一块进的公司，为什么他升职加薪，我却一直没有得到这样的机会，甚至基本工资还减了三百块？”我就问他：“你和小胡上周参加展会，有什么收获？”小陈想了想说：“那个展会啊，人太多，空调还不好，简直热死了，而且没有地方买水，我俩渴坏了，吃午饭的地方也是人山人海。”

我叹口气又说：“小胡可没说这些，他回来后写了一份报告给我，报告上说参展会共有 5 个展区 2800 家参展单位，500 强企业占了 82 家，其中 15 家跟我们有业务合作的可能性，他都一一跟进谈过了，有 4 家表示可以继续探讨合作意向。另外不是 500 强的企业也有名单，如果需要，随时可以让业务部的人联系。这就是他升职加薪的原因，也是你不升职加薪反而减薪的原因！”

所以，不要卖力表演，结果不会骗人。也不要相信“不以成败论英雄”，那是毒鸡汤！公司对一个人的奖罚总是有理由的，不会凭空针对某个人。如果你发现自己的薪水迟迟不上涨，同事却隔几个月就涨一次，别怀疑，一定是你自己的问题！

升职加薪的正确述说方式

如果你觉得自己的贡献很大，到了该升职加薪的时候，如何跟老板谈判呢？谈判是一种由双方共同参与的博弈，无论你有多么优秀，都必须根据公司的需要、自身的价值和时机制定正确的方案，从老板那里寻求更符合自己条件的职位和薪资。

第一，先自我评估。请自行搜集以下信息：过去6个月的平均业绩是否比以前有较快的增加？是否展示出了足以达到公司考核标准的工作水平（可数据化）？是否得到了上司、同事的一致好评（工作关系）？自己近期的综合工作表现是否已达到了申请加薪或升职的标准？

第二，等待合适的时机。你确实很优秀，这只是达到了第一个标准，还需要成为公司内部计划升职加薪的对象，也就是进入考核名单，迎来一个合适的时机。这时提出你的要求，成功率将大大增加。

第三，提供书面报告。向公司提出升职加薪的要求时，应该打一份书面报告，用数据总结自己的成绩：我之前在多长的时间里做出了多少业绩，在公司的排名如何；然后提出诉求：我想升职带领一个团队，想增加多少薪水；再说出自己的工作计划及工作预期：准备带领几个同事，用什么样的方法，在多长时间内，完成什么样的业绩。这说明你的准备很充分，想法也很理性，并非一时冲动的行为，公司才会予以重视。而且，能做到这几步本身就是能力的体现。

一定是你做错了什么

行政经理发现小吴被辞退了，过来问我原因。他觉得小吴的业绩那么好，辞退了很可惜。我告诉他，一个人当然可以很牛，但公司也可以不用他。至于辞退他，一定是他做错了什么。比如，他从客户的手里用成本价给自己的母亲买了一套产品。这虽然是一件小事，但绝非小题大做，而是压死骆驼的最后一根稻草。

忽略了细节，你就失去了成功的 50%

工作中的小事是细微而不起眼的，经常让人觉得琐碎和烦闷，不为大多数人所重视。但事实上，任何小事都会关乎大局，牵一发而动全身。处理小事的能力非常体现一个人对于公司的价值，所以有智慧的人是不会忽略细节的。

比如，很多新人为了较快地融入公司，就会马上加入到公司的八卦圈，不仅自曝自己工作上的细节，也大谈同事的工作和生活。往往他们只是想博得同事的信任，但八卦这种事情有一个特点，你说得越多就错得越多，传来传去就会得罪很多人，有时也让自己找不准位置，反而弄巧成拙。这就是在小节上犯了错误，是一种让老板非常讨厌的行为。在企业看来，小事的失误也会造成公司难以估量的损失。小事做不好，大事也必定做不了。这是评估员工价值的一种方式。小事也是展示人的工作能力的机会，在你的能力还不足以挑大梁的时候，就要靠这些小事来证明自己，恰恰是这些小事决定着你在公司的未来。

做对十件事，抵不上做错一件事的损失

回到小吴的例子上，他可能过去连续十件事情做对了，为公司贡献了一些价值，但他利用客户关系为亲属购买低价产品这件事，足以将他前面十件事情的价值全部扣光，把他的价值扣成负分，就会让公司对他失去信任。所以才有这句话：你做对了十件事，也抵不上做错一件事的损失。

所以，必须一心一意地从细节入手，在细节上证明自己。哪怕在你看来这件事情很小，在大家眼中也不算什么，你也要兢兢业业，尽到职责，不犯错误。久而久之，你会看到不一样的自己。细节上的成功聚集起来，你就会成为一个非常优秀的员工。

一定是你做对了什么

新入职的小姑娘资历和工作经验都不合格，却在面试后被录用了。人事部经理觉得有问题，就过来问我。我告诉他，关键的原因只有一个，她进门的时候在地垫上蹭了蹭鞋底的土，面试的时候先握手才落座，走的时候把纸杯扔进了垃圾桶，并且把椅子放回了原处。就凭这一点，我认为她是一名潜力巨大的人才。能力不足可以培养，好的品质却是一种稀有的资源，必须把她留住。

价值往往通过细节体现

阿勇和钱涛一同进入一家外资公司，这家公司给二人的发展空间都很大，他们自己也很珍惜这份工作，所以两个人都很努力，希望试用期之后能够留在公司。因为竞争激烈，两个人工作都很卖力，上班不迟到，不早退，经常帮助同事干这干那。他们的宿舍也十分干净，一尘不染。但是试用期之后，留下来的却是阿勇一个人，钱涛被辞退了。过了一年，阿勇被提拔为部门经理，因为和总经理的关系日渐亲密，便问起当初为什么留下的是他而不是钱涛。

总经理是这么回答的："在你们之间选出一个更好的真的是一件很困难的事，因为你们都很优秀，工作一丝不苟，同事关系也很融洽，但我发现了一个细节，凡是你们不在的时候，钱涛的宿舍都会亮着灯，开着电脑，而你总是关掉灯，也关掉电脑。所以，我们最后留下了你。因为你在细节上做得更好，充分说明你很替公司考虑。替公司考虑，就是一个人最大的价值。"

这件事看上去不大，对公司来说省不了多少电，可是却体现出了一个人的做事方法，老板会想到如果放到大事上，会有多大的价值？从这个角度一想，留下阿勇就一点也不意外了。

机遇也往往潜藏在细节之中

十几年前，我曾经在为一位客户提供一次很小的服务时，因为非常耐心周到，客户介绍了一个金额多达百万的订单给我，客观上帮助公司获得了一笔很大的资金。所以我一再对员工说，假如你不知道怎么为公司创造大价值，就先想着怎么从小的方面入手。比如拿不下大订单，那就先去跑一跑小订单，哪怕是几千元的小单子，把它做得尽善尽美，也是为公司做贡献，是在体现自己的能力。时间久了你就会发现，这些对细节的处理过程中往往潜藏着很多大机遇，就看你能否敏锐地捕捉到。

对细节的把握，体现了一个人的责任心。想要具备随时做好细节的观念，就要树立起对于工作的责任感，把公司的事当成自己的事，端正态度。只有端正了工作态度，才能在工作中发现细节、做好细节，以无比认真的态度对待工作中的每一件小事，才能最终为公司创造更大的价值。

把小事做对，大事就有机会。小事都包括什么？不仅是一个小订单，也是一个对客户的微笑、一次密切的工作配合、一张数据严谨的报表，或者是某个举手之劳。把这些小事做好做对，老板才愿意给你做大事的机会，也才能给你提高薪水，甚至提拔到更重要的岗位上。

在这个公司都做不好，跳到另一家就能做好吗？

小宋有一天突然想辞职，但还有些犹豫，我对他说："既然你还不确定，那我可以给你个建议，你现在离开不是好的时机。为什么？因为你现在走，我完全无感，很快会忘记你，公司也毫无损失。你应该趁着在公司的机会，拼命地去为自己拉客户，成为在公司独当一面的人物，到那时候你如果走的话，公司将损失惨重，那么你至少可以获得跟我谈条件的机会。而且如果你真的做到了，收入会提高，职位会升迁，同事会尊重你，客户会看重你，你在公司便有了价值感和存在感，也许就不需要也不想离职了，届时你想的是，如何才能将工作做得更好。"听完我的话，小宋打消了辞职的念头。

那山不一定就比这山高

在我看来，人生就是一个不断攀登的过程，工作也是如此，就像登山一样。在登山时，我们有时会遇到陡坡险途，遭遇艰难险阻。有时也会遇到下坡，一帆风顺地就过去了。当我们攀登完一座山峰，许多人会选择一个新的起点，再攀高峰，人生追求进步，事业想更上一层楼，这是一件很好的事情，我也很理解人们想跳槽到更好公司的想法。但人们经常犯的一个错误就是，他们认为自己脚下站的山峰没有别处的山峰高，总以为山外有山，别的公司比现在的这家公司好。

这山望着那山高，体现到工作上就表现为你对自己现有的工作充满了抱怨，觉得工资低，强度大，公司平台也不给力，总以为如果去其他公司会更好。可是当你真的去了另一家公司才恍然发现，原来很多地方还不如自己刚离开的公司。

想一想有没有离职的实力再做决定

离开以后你能干什么？这是你应该重点思考的问题。如果你是一位钻井工人，也许会为没有正常的作息时间、没有假期而感到苦恼，羡慕那些朝九晚五的职业。但是当你离开钻井平台，还能干什么呢？这才是问题的重点，是计划离职时需要优先思考和解决的环节。有实力的人在哪儿都能做好，没实力的人即便给他最好的平台，他也做不出像样的成绩。

所以，想体现价值就得脚踏实地，不要这山望着那山高，脚下实打实地走出来的路，实打实地征服的山峰才更能证明自己的实力。

敢不敢与公司对赌？

员工小龙发现公司把他研发产品的预算砍了一半，不高兴地找我讨说法。我说："因为你客户的报价低，所以公司只能降低预算。这是市场经济，公司要保证利润率才能活下去。"小龙说："如果产品好，客户也许改变主意愿意提高报价了呢？

我们卖给其他的客户，也能提高价格。”他不死心，我只好跟他说：“那你换个想法，研发产品的钱你个人出，产品出来利润的一半都给你，你看怎么样？不敢赌，那就去跟客户把价格谈上去，别在研发成本上妥协。”

恐惧风险，你就一定失败

风险在工作中是一定出现的，现在已经找不出没有风险的工作了。我们做任何事情都有两种可能性，一是成功，二是失败。取决于我们投入多少，投入多，成功的概率大；投入少，失败的概率大。站在企业的角度，员工的价值体现在“可以用较小的投入获得较大的成功概率”。因此，企业愿意替这样的员工承担必要的风险，为他们的工作投入很大的支持，对他们的项目提供人力、物力和财力的支援。反之，企业就不会冒险扶持一个能力较弱的员工。

对赌：强者为王

一个人如何才能证明自身的价值？是在公司的全力支持

下把饭喂到嘴里，还是在条件不怎么有利的情况下凭借自己的本领奋力获得？答案是不言自明的。我常跟员工提到一个词：对赌。就是说，你为公司拿到了什么业绩，公司就给你提供什么样的支持。业绩高了，支持就高；业绩低了，支持也会降低。假如员工觉得公司的支持力不够，他完全可以自己投入一部分资源，由此获得的收益，公司也完全可以分给他一大部分。这种做法并非我独创，是非常流行的属于“内部创业”的一种文化——有才华的员工凭借个人能力在公司一定的支持下独立负责部分业务，与公司展开对赌。

中篇

做事靠谱：凡事有交代，件件有着落，事事有回音

做事靠谱的人从协作网络上接到一个信息或者任务，处理完毕之后，一定会再反馈给网络，确保两头连接。而且不管结果怎样，都会给当事人反馈，尤其在出现过失或错误的时候，更不会逃避责任或不了了之。

第四章　丢掉“学生思维”，是靠谱的第一步

公司不是学校

有一天，小辉又和以前一样请教问题，他说自己有好多的工作做不好，希望我慢慢教他。他想进步，这当然是好事。但我问了他两个问题。

“第一，你来公司上班，我收你学费了吗？”

小辉答：“没有。”

第二，“你来公司上班，我发你薪水了吗？”

小辉答：“发了。”

“那好，你领了薪水是来帮公司解决问题的，不是来制造问题，然后让我教你的。你出了问题，我忍得了就教你，忍不

了我就辞退你。但你最好早日强大到能解决一切问题，如果你准备一直被人教才能干好活，我建议你尽早离职，换一份你能驾驭的工作。懂了吗？”

小辉就像被人从睡梦中一拳打醒，点着头出去了。他的行为我不反对，但他的想法需要纠正。员工和公司的关系不是学生和学校，老板也不是老师。员工永远别指望由老板带着进步，除了你自己，别人是无法帮助你进步的。

真的好，怎么会没人培养？

公司小郝的例子和小辉相反，小辉能力一般，但希望老板教教他，小郝则是能力很强而默默地做贡献。有一次他的上司赵经理拿过来一个方案想让我看看，我看了以后发现做得很好，便问他是谁写的，赵经理说：“我的手下小郝，他勤奋肯干，悟性高，能力强，人又低调，我认为他将来肯定比我强。”就这样，在赵经理的推荐下，小郝成了他这个部门的副经理，也成了公司的重点培养对象。

长江后浪推前浪，年轻的员工中总有人才出现，上司也总会看在眼里。如果你像小郝一样真的有很好的潜力，并表现出了一定的工作能力和态度，管理者又怎会视而不见呢？没有哪家公司愿意失去一个真正的人才，除非你的能力未达到标准。被公司重用、重视和培养的人总是有依据的，同理，不被重用、重视和培养的人也要从自身寻找原因。

尊重不是别人给的，是自己挣的

人除了自我尊重外，也希望得到别人的赞扬和尊重。比如口头上的赞扬、待遇上的尊重、职位上的扶持等。但在职场中，自尊和尊重并不是同一种东西，自尊更多地由一个独立的个体完成，尊重则需要他人乃至团队集体的共同认可。

换句话说，要想公司尊重你，首先你要学会尊重别人。对待上司，你完整和高效地完成工作，这是一种对工作的尊重，同时也是对上司的尊重，更是对你自己的尊重。自然你会得到相应的回报。对同事尊重，不触犯别人的底线，同样的，同事也会尊重你。对待下级，肯定他做出的工作和努力，是对下级工作的尊重，同时他们也会很尊重你这个领导者。这些事情做好了，公司就会为你提供广阔的发展空间。

要得到公司的尊重，是要靠自己的“本事”去赚的。你有多大的本事，公司就给你多大的平台。当你觉得自己在工作中得不到老板的青睐时，一定要先想一下是不是自身的问题，别急着把锅甩到其他人的身上，甚至对老板怨气冲天。

机会满天飞，能否把握看自己

老板从来是给员工机会的，就看你是否抓得住。公司签了一个新项目，我安排熊经理和小王一起把这个项目做好。熊经理不乐意了，他不想跟小王一块工作。问他原因，他认为小王办事总是拖拖拉拉，跟自己的脾气合不来。他保证自己一个人也能做好这个项目，没有小王也不影响他的进度。

我正色说："你要发现他的优点，扬长避短，学会跟他合作。我让小王去你的部门，就是磨砺你的，突破不了这一关，你就很难有上升的空间！我会密切关注这个事，你不许开掉他，只能用。是批是哄、是宠是骂我不管，用好他，业绩不但不能受影响，还要有提升。"

解决这个事以后，过了一段时间，我发现熊经理团队的业绩本来就不高，最近又下滑了，便问他怎么回事儿。熊经理满头大汗地解释自己为业绩做了哪些工作说道："老板，我也很着急，该做的我都做了，该说的也都说了，向客户介绍了公司实力、成功案例、服务优势、团队能力等，不说口吐莲花吧，也已经淋漓尽致地展示了我们的高质量服务，遗憾的是订单不多。”

我说：“好好好，我救你一下，给你提个建议，下次带队伍去见客户，别只要求员工穿西装，自己也穿上西装！”

熊经理不解地说：“老板，您还有没有点别的干货？我觉得经理的衣着只要别太随便，还是能体现出亲和力的，比穿西装好。”

我说：“先做到这一条，然后再说其他的。你自认为的亲和力一直没有帮到你，还让你有限的业绩下滑了！所以再去见客户的时候，先穿上西装！”

企图心：无欲无求，无路可走

熊经理低着头走了。我给了他不少机会，但他如果抓不住，公司也就不可能一直将他留在部门经理的位置上。从心理学的角度讲，工作中要实现闭环还需要上进心的驱动。人有了上进心，就愿意主动学习知识，努力捕捉机遇，并且想办法实现目标，给公司一个完美的结果。

我常常说这样的一句话，人为什么会进步？那就是欲望的驱使。欲望就是上进心。很多求职者会认为自己进入了一个公司，就可以“高枕无忧”了，所以行动上自然也会开始怠慢，这样就违背了公司录用你、重用你的初衷。老板给你薪水，自然是想让你给公司带来源源不断的利益，如果你不思进取，解决能力也自然不如从前，结果当然是得不到公司的重用，自我的发展也就停滞了。没有企图心，没有欲望，就会像熊经理这样用随便的态度对待工作，业绩下滑了也找不到真正的原因。

职场是残酷的，一切唯结果说话。本书就是想让读者明白这一点，一个有进取心的员工，就需要一种对结果、对成功的强大企图心，想尽一切办法把握机会，把事情做好。因为一个有企图心的人和一个没有企图心的人，对待同一件事情时完成的程度是大大不同的。

为了发展一项新的业务，公司让乔艳和胡凡联系有关的专家来讲课。胡凡听后觉得很激动，她认为这是锻炼自己的一个很好的机会，说不定以后这一块的业务都由自己负责了，所以暗暗下决心一定要完成。而乔艳却不以为然，觉得老板肯定有大把的资源、更好的项目，但却让自己一个刚刚毕业的学生去做这样不能产生效益的事情，要知道那些专家的架子都很大，去跟他们打交道是一件苦差事，况且这件事对自己一点明显的好处都没有，还不如安心做好分内事。

接下来的几天，胡凡到处搜索着专家的联系电话，知名专家公布出来的差不多都是办公电话，打过去很少有人接，有时对方的助理接了，也是立刻拒绝，或者提出的条件很苛刻。但胡凡没有放弃，几天下来便找到了合适的人选，并且当面谈好了合作的事宜，事情很快解决了。乔艳也是跟胡凡一样地去联系专家，可是碰了几次壁便失去了信心，干脆放弃了这项工作，任由胡凡一个人把事情做完。

同样一件事，两人的态度和处理结果都不一样，对他们前途的影响也是显而易见的。半年之后，胡凡果然成为这项业务的负责人，为公司培训了大量的优秀员工，带动了业绩的增长。乔艳却因为失去了上升空间，不久只能选择离开。

给你机会，抓不住也无用

企业的领导不愿意听到“不行”“抱歉”之类的话，管理者并不在乎员工工作时的过程、遇到的问题等，而是注重结果，给了你机会，你就要做好，没有任何理由可以推托。有企图心的员工，就是有进取心的员工。他们的成长空间不可限量，企图心本身就是一种建设性的力量，是创造力的源泉，也是做好工作的强劲动力。一个人的实力是需要表现出来的，表现的最佳方式，就是抓住机会，创造价值。

发现自己的错误很难

每个人在工作中别过于自信，要养成自省的好习惯。通俗地说，自省就是当事情做不对时，及时意识到哪里出了问题，然后在别人的批评、督导下立刻改正，提高自己解决问题的能力，适应环境的要求。但正如标题所说，人发现自己的错误很难，经常付出沉痛的代价后才明白最该做的是什么。

员工小王拿着我要的复印纸进了办公室，我说："为什么是 A4 的？我要 B5 的。"小王出去很快又回来了，说："老板，这是您要的 B5 复印纸。"我说："这几张不够，拿 30 张来。"小王迅速执行，说："老板，您要的 30 张 B5 复印纸。"我又说："去交给小李，让他复印我要的材料。"

"唉！"小王不高兴了，抱怨道："老板，您为什么不直接告诉我拿30张B5复印纸给小李打印材料呢？您这是在折磨我。”

“对，我就是在折磨你，可你知道自己错在哪儿了吗？”我说，“这份材料是客户需要的，是你的本职工作，相关信息你也早了解到了，客户、我和小李已经等了你两个小时，你完全没有要做点什么的迹象，坐在自己的椅子上跟没事人似的，我提醒你拿复印纸，你没感觉，拿了A4的给我，我提醒你拿B5的，你没感觉，拿了三两张给我，我提醒你拿30张，你还是没感觉，反而质问我为什么不一次交代清楚。我和小李在替你做该做的工作，你却来质问自己的上司为什么不交代清楚？”

小王这时才恍然大悟，赶紧道歉。我当即公布对他的处罚：扣罚当月奖金的三分之一，并且罚他抄写部门工作规定30遍，再交上一份检讨，当众阅读承认错误。我告诉他：“这不是在折磨你，是在挽救你。”

感谢那些“折磨”你的人

生命中每一个人的出现都会给我们带来一些好处，哪怕是坏事。因为所有的事情的属性都是“不绝对”的，所有对于你来说是坏事的事，都会让你在处理的过程中获得经验，汲取教训，以后就能避免同样的错误。所以，坏事也是值得感谢的，但前提是你能及时地发现并且改正。

不得不承认，许多伟大的成功者是在世事的折磨中突出重围的。折磨对于他们来讲不但是一种教训，也是一种宝贵的历练，更是一种难得的激励。有句话说：在压力下前行，能让你变得更强；在升力下前行，只会退化自己有力的翅膀。比如工作中我们难免会遭受到上司的批评，客户的伤害、欺骗，同事的讽刺甚至公司的责罚，面对这些折磨不要愤恨，更不要灰心丧气。相反的是，你应该感谢那些有时间、有兴趣并且有耐心“折磨”我们的人，是他们激发了你的斗志，帮助你认清了错误，锻炼了你的能力，让你变得更加优秀。

真正促人进步的不是从书本上学到的知识，而是那些在现实中被对手、被问题所激发出的潜能。折磨是人生中的痛苦经历，也是一个人最好的老师。在各式各样的折磨中，我们可以被激发出积极的一面，加快自己的成熟。这是一种真正的成长，可以“逼迫”我们快步走向成功。面对这样的人，我们应该发自内心地感谢。

在低谷中自我修正，实现关键突破

《当幸福来敲门》是美国著名演员威尔•斯密斯与他的儿子共同出演的一部电影，威尔饰演的推销员遭遇了事业的低谷，妻子离开，他甚至拿不出钱来让儿子和自己有一个基本的安身之所。这些都是他遭遇的种种磨难，他为自己的过去付出了惨痛的代价。面对这些问题，威尔并没有放弃，他的选择是接受，然后改变。

一次偶然的机会，威尔进入到了一家公司，过去所遭受的折磨让他珍惜眼下的工作机会，让他努力抓住每一个客户。不久之后，威尔从实习生变成了正式员工，并在公司中获得了良好的发展。

工作中遇到低谷时，只要端正态度，那些伤害你的人、折磨你的事就能让你变得更好。在低谷中，要反省错误，自我修正，从错误与挫折中得到的东西才能转化为积极的动力，帮助你战胜未来的挑战。

信心很重要

我安排员工小 B 去某地做市场调研，他跑了一圈得出的结果很消极，他说："唉，老板啊，我已经深入地调研过了，这个地区的市场根本没法儿做啊，因为这里的人都没有使用我们产品的习惯，我们在这里也没有任何的知名度，所以销售起来肯定得不偿失。老板，我建议放弃这个地区的市场。"

"好了，我知道了。"我说，"这个地区的市场，我会全权交给小 A 来做。"

小 B 一脸震惊地说："啊，凭什么给他？"

我说："在找你来之前我已经找过他了，他很兴奋地跟我说，这个地区的人从没有使用过我们的产品或者同类的产品，这里是一个巨大的潜在市场，他对我们的产品品质也很有信心，认为这是一个很好的机会，可以在这里开辟出一个巨大的市场。他行，你不行，公司当然把这个地区交给他负责了。"

抛开眼光的问题，这件事透露出来的还有两个人不同的态度。小 B 消极，但是小 A 很乐观，他自信地认为一定可以做到。自信，是每一个成功人士的共同点。我们丝毫不用怀疑这句话的真实性，美国的一家心理机构曾对历史上的 1000 位名人做了一份全面的人格素养调查。这些名人来自不同的国家、地区、领域，结果发现，他们都拥有一个共同点：自信。是信心而非天赋促成了他们最终的成功。哪怕在最黑暗的时刻，他们也从没放弃过对于未来保持乐观。

信心是发挥才能的基础。以培养推销员著称的布鲁金斯学会有一个传统，就是他们会设计一道十分考验学员能力的题目给推销员们，以测试他们的能力。有一年，他们的题目是：如何将一把斧头卖给小布什总统？

这道题目一出，学员们自然焦头烂额，不少人知难而退，唯独有一位名叫乔治•赫伯特的学员相信自己可以做到。他迎难而上，不久之后果真把一把斧头成功地推销给了小布什总统。他知道总统有一片农场，于是便给小布什写了一封信：

有一次，我有幸参观了您的农场。我发现您的农场种了许多矢菊树，但有些树已经死掉了，而且木质已经变得松软。我想，您需要一把小斧头来解决这个问题，但是以您的体质，一把小斧头显然对您来说太轻了。因此，您需要一把锋利而且使用起来顺手的好斧头，现在我手里就有这样一把斧头，很适合砍伐枯树，如果您感兴趣，希望能给我回复。

结果如何？是乔治收到了小布什寄给他的 15 美元，用来购买他的这把斧头。

现实中许多事情都是如此，并不像我们自身想象得那么难以做到，你最终没有做到的原因也不是问题多难，而是你自己完全没有努力或仅稍作努力便彻底失去了信心，当然便成功失之交臂。

树立信心的四个步骤：

第一步，经常肯定自己，突出自己积极的一面。每天要告诉自己：“我有很多的优点以及值得骄傲的事情！”这样可以给自己一天的生活、工作注入积极的力量。

第二步，经常与自己对话，做一个能够与自我交谈的人。在自我交谈中，不要去诋毁自己的能力，而是要鼓励自己最大限度地发挥优势，体现出应有的价值。

第三步，工作要做到精益求精。必须不断地完善和改进自己的工作技巧，工作中为公司提出更好的建议，创造更多的效益，提供更好的结果。那么管理者肯定愿意给你更高的位置，提供更有力的支持。

第四步，抓住机会，大胆发挥自己的才干。要将自己擅长的事情列出一个详细的清单，在自己暂时不擅长的方面努力去做出弥补和改进，同时在有限的机会中充分发挥自己的才能，用表现让公司重视、重用自己。

终究是你自己的原因

鸿海集团的总裁郭台铭在自己的公司视察，正跟工程师谈话的时候，一个员工忍不住对他大声说："老板，为什么累死累活的是我们，收益的却是你！"这名员工是个新人，表情很气愤，说话也很冲动，让在场的人都大吃一惊。

郭台铭没有生气，而是很耐心地跟他说："第一，我拼上了全部的家当创建这家公司，承担着所有的风险，不成功便成仁，你只需要寄简历到我这里上班，随时都可以离开，没什么风险，这是创业者和打工仔的差别。第二，我需要不断地创新，什么事情都要做、都要管，你只用做好自己的分内事就行了，但还时不时地闹情绪，这是选择与被选择的差别。第三，我每天 24 小时都要思考公司怎么才能发展，创造收益，每一个决定都影响到公司的所有人，责任重大，你只需要考虑自己一天的8个小时，关心你自己的工资和补助，以及有没有对你不公平的事，这是责任的差别。你只要搞明白这三个差别，就不会纠结自己的现状了。”

在郭台铭的办公室的门前贴着一张纸，上面写着一句话：“遇到问题先想好三个解决方案再敲门！”他用这句话告诉自己的员工，遇到问题要先内化，从内在寻找解决的路径，而不是把问题的责任归咎于外界，才能真正地获取成长。无论你的工作遇到了什么困难，情绪有多大的波动，感受有多么消极，本质上其实都是你自己的原因，和别人无关。当一个人参加工作以后，他就不再是学生，而是需要完全对自己负责的社会化成人。不管环境如何，都要从自己身上思考解决之道。

要改变，也要适应

适应环境的变化，才能不断进步。这个道理不仅对企业中的基层员工适用，对企业的中高层管理者和运营负责人也是适用的。时代不断地在变，人也要与时俱进，否则便容易被后来者赶上，成为被淘汰的落伍者。

公司计划为运营工作加入互联网因素，小辉感到担心，他觉得公司之前是做实体的，现在要做网络肯定有难度。我说了六个字："要改变，要适应。"小辉仍然在谈困难，他说："产品的价格出现了很大变化，我们一时调整不过来，客户现在谈判的方式也跟以前不一样了，他们不按套路来……而且吧，我一时也习惯不了互联网。"

我说："这好办，淘汰你，换愿意改变、能适应的来干。"小辉一听，乖乖地买了与互联网有关的书籍，开始恶补这方面的知识。他深知公司是从不留庸人的，所以在要改变、要适应的压力下，拼命地提高自身的能力来留住工作。

第一，不能适应，就只能淘汰。

信息时代，社会在变，工作方式也在变，这是人类文明发展和技术进步的必然趋势。这种趋势下，不断会有新的行业崭露头角，也不断产生全新的工作模式，一批又一批的保守派死于自己的顽固和教条化。只有愿意和敢于革新的人，才能闯出一片天，在残酷的竞争中笑到最后。假如不想改变，不能适应环境的变化，那就只能眼看着别人抢走你的工作。

第二，既要低头努力，也要抬头看天。

成功离不开辛勤的耕耘，所以人们总是说要像老黄牛一样低头努力。但这句话的后一半是什么呢？在我看来，是“也要学会看天吃饭”。形势变了，就得顺从趋势；环境变了，也要先适应环境，然后再想办法改造环境。

行不行，谁说了算？

小辉有一天突然想辞职，他怀疑自己胜任不了这份工作，他说：“老板，好几个项目我都没签下来，压力有点大，可能我真的不适合咱们公司。”很多人都有过这种想法，工作中迈不过某些坎，项目中突破不了关键环节，重压之下就开始自我怀疑，对前途感到悲观。

他有这种对公司负责任的态度我还是很赞赏的，说明他想为公司做贡献，不想混日子。因此，我说：“如果我觉得你不行，我会请你离职。我没有这么做就是觉得你行，愿意给你机会。你应该珍惜这样的机会，不要妄自菲薄。”

“可是，”小辉说，“这几个项目没签下来，公司里面其他的声音很多啊，大家对我有不满，也有瞧不起我的。”

我说：“你应该在乎的顺序排行是这样的，第一，你自己；第二，老板和工作；第三，工作的心态和方法，至于别人的声音和非议，应该排在前十名以外！假如你用同事的意见评估自己，你永远都是不行的，明白了吗？”

能左右自己命运的不是环境，而是我们自己。有位著名主持人曾经说过这样的一句话：“命是与生俱来不可改变的，但命运却是可以因为我们后来的努力而发生改变的。”命运掌握在自己的手里，那么你行不行也要靠你自己说了算，而不是别人。只要挖掘出自己潜在的、富有创造性的品质，就能真正提升自己的水平。

工作中要以我为主，不要太在意旁人的意见。如果命运不是把握在自己的手里面，而是由别人掌握，比如你总是活在他人的看法中，那么你的命运就等于是任人摆布，没有希望。同事说你不行，你就觉得要辞职；客户轻视你，你就自暴自弃。长此以往，你是没有机会从激烈的竞争中成长为强者、取得事业成功的。

从基础做起

新来公司一周的实习生小梅向我汇报工作，我让她讲讲有什么工作心得，小梅早有准备，说："我对咱们公司很看好，我要成为优秀的经理人，整合公司的供应链、开拓新模式、扩展公司业务、提高公司效能，把咱们公司做大做强！"她就像背发言稿一样讲了一大通，全是不接地气的内容，一点也不现实。

我说："很好，看来我这个老板可以让位了。"

小梅赶紧解释道："老板别觉得我说得浮夸，其实我真的是仔细观察、认真做了工作笔记、详细列了计划才这么说的。我对未来很有信心！"

我称赞了她的信心，肯定了她的上进心，但是告诉她，有往上走的想法是好的，可事情要一步步做，要从基础做起，因为公司现在让她去做自己计划中的事情，她上面的那几位经理不一定愿意让权给她，所以我先跟她约定三件事，这三件事我要求她一定要做到。

第一，实习才一个星期，居然有了一次迟到，虽然才迟到几秒钟，离公司允许的弹性时间还有很大的距离，但是在她将来的三个月内不可再有一次哪怕一秒钟的迟到。

第二，她要把自己的帽子、包包、耳机等纯私人物品放进抽屉或者柜子，不能再出现在办公室的桌面上。因为她来公司实习的第一周，就被上司发现桌上的东西太乱了，且有许多是她自己的私人用品。

第三，开会想要发言时，不要像那几个经理及老员工一样随时张嘴，要举手示意，至少得到随便一位的允许再发言，尊重公司的秩序，才能赢得其他人的尊重。

听了我的要求，小梅露出了尴尬的表情。她这时肯定感觉到了自己刚才好高骛远是多么可笑。我对她的要求就是先把没做好的功课补上，等这些基础的事情做好了，再谈其他的也不迟。

不屑于解决小问题，就没机会解决大问题

无论生活还是工作，其实都是由无数的小事构成的，小事不代表枯燥和重复，也并不是不值得一提的。从无数的小事和细节的处理中，我们能够以小窥大，发现一个人处理事情的能

力，也能考察出他是否脚踏实地，值得信赖。我们的工作不会每天都在处理重大的事情，做出一些重要的决议，大多数时候都是与“小事”为伴的。据一份研究表明，世界500强中的优秀员工与领导者，从来不认为自己做的很普通的基础工作就是简单的小事。

现在刚走出校园的毕业生很多时候都容易犯这样一个错误，即“小事不愿干，大事做不了”。但是，不屑于解决这些小问题，那就没有机会去解决重要的大问题。小事都干不好，谁还会相信你的能力呢？

要想“高成”，必先“低就”

一个高的位置就像一个高的楼层，如果没有低楼层的支撑，高楼层也根本不会存在，所以，要想到达一个更高的位置，就必然先从低处做起。想高成，就得先低就。我们迈出的每一小步，都是在为后面到达终点、爬到高处奠定基础。

特别是对职场新人来说，你要学会去适应一份工作的基本要求，而不是让工作去适应你的美妙想法。就算跳槽，你也不敢保证自己的下一份工作就能完全符合自己的要求。所以，当你面对一份自己不那么喜欢、无法很快体现自己能力的工作时，也要负起最基本的责任，从一个个最基本的工作做起，主动去适应，认真对待，放低姿态，努力去干好。

抱怨不如想办法

我发现员工小宋最近情绪低落，满公司地抱怨，好像全世界都欠他似的，便叫过来听一听他的心声，问他什么情况。小宋一开始就把枪口对准了客户，说："老板，那个新的项目太难搞了，客户老是给我挑刺，感觉身体被掏空，我已经坚持不下去了。"

我说："这好办，公司有那么多的老员工，他们经验老到，找他们取取经啊！"

小宋一听又调转枪口说："他们？哼，不给我下绊子就不错了。老板您知道吗？上次的项目我没做好，就是因为公司有人在背后给我捅刀子。"

我说："也许你觉得是其他人的问题，但在我看来，说明你没能力处理好这样的事情。”

抱怨换来的不是同情，是轻视

我最不欣赏的人，就是那种爱抱怨的人。抱怨不仅会影响自己和周围人的心情，还会让我们的时间都花在推卸责任上，使得工作效率低下，同时让自己整天处于一种不快乐的状态，影响自己的心理乃至生理的健康。

特别是对于一名刚刚进入职场的新人而言，抱怨对你尤其不利。因为你的职场生涯才刚刚开始，你的才能还没有得到充分的发挥，更谈不上被人发现。所以，任何一家用人单位都不会给你一个很高的待遇，让你坐到一个很高的职位。你的能力，只有在自己不断的努力和踏实的工作中才会得到展现。在随处可见的工作阻碍面前，如果你的选择不是努力想办法，而是不断抱怨，那么不要说得到公司的重用，就连目前的工作机会能不能保住都很难说。

在伦敦的街头住着一个四处流浪的人。有一天，一个过路的人看到了他，见这个流浪汉年轻健康，说话也彬彬有礼，像是受过高等教育，于是动了恻隐之心，不忍见他穷困潦倒，就向这位流浪汉询问是否需要帮助。

流浪汉说，自己需要食物、水以及一个住的地方。这位路人为他买了食物，带他住进了小旅馆，并协助他找到了援助部门，请该部门为其找一份工作，还留下一笔钱让他作为生活费。这等于直接改变了他的人生，为他打开了一个全新的世界。

几个月过去了，这位路人惊讶地发现，那个人又在街上流浪了。路人非常不解，于是问他："那些援助部门没有帮你找工作吗？"

流浪汉回答："找了，但这些工作不是清洁工，就是修理员，不然就是一些跑腿打杂的工作，没有一个工作是适合我的。我毕业于名牌大学，怎么能做这样的工作呢？"接下来，流浪汉接着抱怨别人对他的态度有多么差，他的工作环境是多么艰苦，自己得到的报酬又是多么低。

路人打断了流浪汉的话，说："那么，你还是继续做流浪汉吧！"说完便头也不回地走了。

许多人不愿意充满主动性地去工作，或者很嫌弃自己现在所从事的领域、担任的职位等，抱怨自己的平台小、待遇低，也对其他人感到不满。可殊不知，只有“当下的工作”才是你真正施展才华的地方。纵然你是一个天才，如果不在工作中表现出解决问题的能力，也很难被有实力的公司重用，被他人尊重。

多想办法，而不是怨天尤人

相较于努力工作、从问题中得到提升可以获得的诸多好处而言，抱怨能让你得到什么呢？只会是一事无成而已。你会成为一名气势很足的怨汉，却不会成为一个真正的人才。因为抱怨不会改变你面临的困境，不会帮你做出一个有益的选择，不会给你带来一个良好的人际关系，不会让你的上司器重你，更不会提高你工作的质量和效率。同时，你还要为自己的抱怨买单。同事轻视你，领导讨厌你，不管去哪儿工作，也都做不出成就。

所以，当自己有一天突然想抱怨时，一定要说服自己冷静下来，先想一想方法，多找对策，而不是本能地把责任推卸给外部环境。

必须明白参加培训的意义

田秘书拿着下周公司的培训方案找我汇报，我发现培训地点被放到了度假村。田秘书的理由是，度假村现在是淡季，费用有折扣，团体购票可以打五折，而且大家去了还能好好玩玩，放松下心情。

我说：“停！培训内容除了每天三个小时的业务学习外，还有采摘、烧烤、温泉？我记得我开会的时候说的是业务学习培训，不是周末组团旅游吧？”

田秘书狡辩道：“不是您在开会的时候说这次的培训希望大家当成一次春游，充实自己，放松心情吗？”

我说：“公司组织培训的目的，是想让你们学习工作职责以外的知识，我所说的春游，是让你们把这种学习知识的状态当作春游一样放松，不要有负担，而不是让你把培训当成春游。所以你要重新做一份方案，如果游玩项目多了，大家就都以为是春游了，会严重影响培训效果。但是培训完成后，晚上你们好好聚一个餐，甚至举办篝火晚会也是可以的！”

工作中要利用一切时间把自己变得更优秀，特别是要利用培训的机会，抓紧给自己的不足之处充电。哈佛大学有一个著名的“两小时”理论：人的差别在于业余时间，一个人的命运决定于晚上 8 点到 10 点。种瓜得瓜，种豆得豆。有什么样的付出，你就会有什么样的收获。尤其当公司有培训的机会时，一定要抓住这种宝贵的机遇，必须明白参加培训的重要意义，利用培训提升自己的工作水平，才能得到老板的青睐，在工作中取得突破。

第五章　做事靠谱，更容易被委以重任

工作要细心

我让小张把公司上次做的内部活动方案再发我一遍，并叮嘱他将卡通人物换成真人，小张却一脸愁容地说他的电脑坏了，资料都没有，让我再发他一份。我直接告诉他："我不确定我这里是否有，我也不想花时间帮你找，你自己没备份是你的事，找不到就去重做一份。"小张又说："我手里没素材。"我说："什么时候找素材变成老板的工作了？另外我还要提醒你，保存好自己的工作数据是一名员工的基本素质，如果连已经做好的工作资料都能丢失，你还能做什么呢？老板还能相信你有能力做好一件最简单的工作吗？”小张满头大汗地离开了。

细节问题常被人忽视，但发作起来就会要命，特别是日积月累之后，细节问题就会变成一个足以摧毁整个项目甚至让公司遇到麻烦的大问题。所以我在管理中尤其重视员工的细心程度，只有细心，才能专业，也才能敬业。比如有一次，行政人员为公司买了一批计算器，要每人一个发下去，我要求她在每一个计算器上贴上使用者的名字，贴好了再发。她不解地问：“每个人都有，为什么要贴名字呢？”我告诉她，只有贴上名字，使用者才会对自己的计算器负责，否则慢慢就会发现有人丢了他的计算器，开始时是一两个，到最后来就是所有人的计算器都没了。从丢第一个开始到丢最后一个只是个过程、时间问题。贴上名字以后，就要个人负责，他必须保管好。

个人负责，从小处着手

要细心，就要从小处着手。职场无小事，事事都要尽心。因为没有谁会天天经历大事，都是从一个又一个很小的工作中积累成果的。那些每天日理万机，随时面临挑战和困难经历大事件的人，在我看来，也只存在于好莱坞大片之中。

我很喜欢的一位作家在一次访谈节目中谈起自己的创作，他骄傲地说："50年了，我每天都坚持写日记。"他告诉观众，他的日记就是他的素材，他的每一部作品都来自他每天写日记的积累，不间断地写日记就是他创作的源泉。正是这些一点一滴积累起来的日记，构成了他的一部部伟大的作品。这也是从小处着手，小事变成大事。

事物都是由一个个的部分组成大整体，大事也是由小事所构成的，脚踏实地地耕耘，才能得到理所当然的收获。凡事从点滴做起，从小事着手，才是做好大事的根本保障。

第一，要成大事，必拘小节。

在处理具体事情的时候，人们的观点往往是不同的，态度也不一样。有的人脚踏实地，慢慢耕耘，从身边的小事做起；还有一些人，他们认为"成大事者，不拘小节"，所以不去理会工作中的小细节，只想在重要的工作中展示自己的才能。他们认为那才是自己人生中真正的机会，是适合自己的舞台。可事实上，机会是留给那些有准备的人的，而不是留给那些小事做不好、只想等待大机遇的人。

职场上没有任何一件小事可以忽略不管，或者随意处置。细节决定成败，要成大事，就必拘小节。凡事要全力以赴，尽职尽责，大机遇才能降临在你的身上。

第二，精益求精，才能步步到位。

由此可见，细节的处理能力对于成就一件大事是多么的重要！尤其是在处理小事上的态度，一定要敬业、专业，还要踏实细心。我们不仅要学会对每一件小事都认真，还要精益求精地去处理这些大大小小的问题。在一次又一次的重复中，将缺陷率和错误率降到最低，将工作做得步步到位，不断地改进和减少失误，自身的能力也就越来越优秀。

工作之外的细节，也丝毫不能忽视

一位喜欢摄影的年轻人有一次出去旅游，遇到了一对同来旅游夫妇，三人结伴而行。途中，年轻人为这对夫妇拍了许多照片。当他们向年轻人索要照片以作留念的时候，年轻人说："这些照片需要做一下后期，效果会更好。"于是这对夫妇等了两天才拿到照片，他们发现这些照片果然比自己平时拍出来的要更好，不由得赞叹有加，表示感谢。

半个月后，年轻人接到了这对夫妇打来的电话，原来他们是一家企业的老板，正准备为自己的产品拍一套商业片。他们觉得年轻人很合适，便想让他去试试，看能否成为这次拍摄的主摄影师。他们的理由是："你在生活中都如此注重细节，不仅对照片很用心，连对陌生人也都做到尽善尽美，你一定是个很优秀的人，相信你对待工作也是如此。"

有时，工作之外的细节处理能力，也是可以影响到自己的工作的。一个在生活中也能注重细节的人，必定是一个十分严谨、专业而又敬业的人，会让身边的人感到满意，也能非常到位地处理好方方面面的事项。这样的人不仅细心，也很踏实。所有的企业都想拥有这样的员工。

勿以恶小而为之，勿以善小而不为

小王因为从客户手里用成本价给他母亲购买了一套产品被辞退了，部门经理问我："这点事就开除，会不会太小题大做了？"我说："你觉得是小题大做，如果小王真对自己的母亲有孝心，就应该在正规渠道全款购买产品，然后送给她。”

小王这么做至少犯了四个严重的错误：

第一，得罪客户，让客户左右为难。客户如果同意低价卖给小王，便因一套产品暴露了自己公司的底价；如果不卖，大家是合作关系，面子上不好看。

第二，毁坏了公司形象。因为这是变相向客户索要贿赂。

第三，泄露商业机密。如果小王的家人到处宣传客户产品的低价，会对客户的业绩造成伤害。

第四，违法犯罪。索要贿赂和泄露商业机密，严格地说可以追究刑事责任。

部门经理又问：“那公司的老李文凭、工作经验都不合格，年纪大，人也粗鲁，都传说他的薪水也不低，您为什么还留着他呢？”这是一个好问题，我告诉他，老李虽有上述缺点，但他来面试时正好我在开会，他在外面等了一个小时。在这一个小时的时间里，他不是坐在椅子上死等，而是干了很多活。他收拾了办公室的垃圾，换了一桶水，还主动帮助一些同事搬货，而且把会议室沙发上已经歪了好几天的垫子扶正。他不仅眼睛里有工作，心里也有，并且具有执行力，公司当然要留下这样的员工。

占小便宜吃大亏

在小王和老李的对比中，我们能看到一个十分浅显但又重要的道理：当你想通过工作占便宜时，工作会反过来惩罚你；反之，当你愿意为工作付出自己的心血时，工作会给予你十倍的回报。

有个叫梁峰的年轻人刚刚毕业，虽然专业知识很扎实，可是求职之路却一直不顺。没有办法，他最后找到了自己的叔叔，请叔叔向一家知名的企业推荐一下自己，看能不能找到一份合适的工作。几天后，这位叔叔给他回电话，说自己正在和这家企业的老总吃饭，让他过去见个面，只要表现得体，过了老总这一关，他的工作也就稳妥了。

梁峰高兴地前去赴宴，老总问了他几个专业知识，他都对答如流，体现出了极高的知识水平。老总非常满意，三个人一起边吃边聊。吃完这顿饭，梁峰觉得自己的工作肯定没有问题了，可却迟迟没有得到去上班的通知，他只好打电话问自己的叔叔，对方告诉他一个意外的消息，工作的事情没有希望了，那位老总不愿意聘用他。

梁峰愣住了问道:“理由是什么,吃饭时不是谈得很好吗?”

叔叔生气地说:“你还记得我们喝的那瓶酒吗?旁边放着一个礼品打火机，是不是你拿走了?”

梁峰说:“是啊，那个打火机并不贵，而且是礼品，没人会在意的，所以我就拿了。”

叔叔说:“问题就出在这里，老总说你的专业知识还不错，既不抽烟也很少喝酒，可偏偏对一个打火机这么有兴趣，非要拿走它，说明你是一个爱贪小便宜的人，他不敢用，万一将来在公司有机会，没人能保证你不损害公司的利益。”

梁峰犯的错误和小王类似，都是事情看着虽小，性质却很严重。企业的管理者当然不会在乎一个打火机或者一件低价的产品，但对一个斤斤计较和爱贪小便宜的人，他们是绝对不欢迎的。当你因恶小而为之时，就会失去一个宝贵的工作机会。

无论多小的事情，都应坚守原则

第一，勿以恶小而为之。生活和工作中有许多“小恶”要小心，比如一些小便宜、违规操作等，后果不严重，但对个人的影响往往极坏。好的公司不会容忍这种行为的存在，也不会重用这样的员工。所以必须严格自律，防止自己成为一个在小节上犯错误的人。

第二，勿以善小而不为。主动帮同事收拾办公桌、帮客户捎寄文件、减少公司的小成本、为有竞争关系的同事提供工作援助等，都算得上“小善”，许多人不会做，也懒得做，但在管理者眼中这些行为却是重要的加分项。要提醒自己有时间时不妨伸出手，多为小善，换来的会是意外之喜。

真的确定准备好了吗？

客户王总要来公司考察，我安排小辉接机，问他准备好了没有，并让他再检查一遍。小辉拍着胸脯说：“老板，不用检查了，我都准备好了。午餐在老地方，司机是小张，车里的汽油加满了，又加派了一辆车专门装行李，怕王总出汗，我连纸巾都在车里放好了。”我问：“带打火机了吗？”小辉不解地问：“带打火机干吗？”我说：“王总抽烟。”小辉说：“抽烟的人自己会带打火机啊。”我反问道：“坐飞机来的人，身上能有打火机吗？快去准备。”

一个小小的打火机，体现的是我们对细节的准备工作是否到位，是否细心。好员工令人放心，是因为他们能处处到位，不用上司操心。我到许多知名的公司参观，他们的员工在接待时总是专业而且无微不至，参观者想到的、想不到的所有事情全在他们的计划之中，让人赞叹佩服。优秀的员工就要具备这种工作细致入微的能力，不仅体现在为企业的服务中，在自己的事业规划上也要准备充分，成竹在胸。

完美的结果，取决于细致的规划

比如规划自己的职业生涯，一个人对自己的职业规划做得越细致，就越能更快实现自己的目标，为企业做好工作，也为自己的发展奠定坚实的基础。

在初入职场的 1 到 3 年内，我们往往会觉得自己干的工作不适合自己，有人对此做过研究：就算一个人再喜欢自己的工作，也免不了无数次地抱怨，后悔当初的决定，想要跳槽甚至转行。这些都是很正常的。但重要的是，不能在这些抱怨中失去本心，变得粗心大意，甘于平庸。其实，初入职场（刚入企业）的前 3 年，是一个人锻炼他的能力、积累资本最为关键的黄金 3 年，在这 3 年中，我们的每一次改变都会付出巨大的代价，每一个决定也都有可能同时改变自己的命运。

所以，在工作的头 3 年中你必须为自己精心规划好职业发展的每一步，对每一个环节都做好精确的计划，并养成有备无患的习惯。就像小辉来说，如果他有做规划的好习惯，就不会在遗漏了打火机的同时还自信满满地认为自己已经准备很充分了。小事情体现的是大问题，当你也像他一样在某一项工作上十分自信时，也要再自问一遍："我真的确定准备好了吗？"

清楚自己要干什么，然后真的准备好

清楚了自己每一步要干什么，才有了行动的指南，有了前进的动力，那些工作时不开心、行动力不足、盲目去跳槽的人最根本的原因是他对这份工作没有真的准备好，职业目标不清晰，没有静下心来想一想究竟如何做好这份工作。没有目标，就没有追求。没有追求，他在工作中就会如同一潭死水，对细节没有兴趣，便常出现差错和疏漏。

我们在工作中的每一个举动、每一次选择，都是在塑造“自己”这块品牌，每走一步都应该离自己的目标更近。因此，我们需要耐心地研究工作，清楚自己要干什么，然后用充足的准备实现一个完美的结果。

不是老板要求多，是你自己不用心

有一段时间小辉工作时很不用心，除了接待客户准备不周外，连打印文件这样的小事也常出差错，打印完了不钉起来，钉起来后又不放到文件夹中，上司推他一步，他就向前迈上一步，总是不能一次把该做的事做完，最后还嫌自己的上司要求太多了。有一次他抱怨说："老板，您能一次把该做的都告诉我吗？"我严肃地批评他："正因为你一次次都做不好，我才不得不一次次地教你！再这么不用心，公司就得找人替代你了！"

小问题都解决不了，又怎能承担重任？

员工小B要辞职，我问他理由，他一脸忧郁地说，他大学四年成绩优秀，向来认为自己是一个可以做大事的人，可是现在却只能做一个小助理，天天贴发票、报销、到财务走流程，做这些琐碎的事毫无成就感，他感觉自己快被折磨疯了。

我问他："你贴了半年的发票，总结出什么没有？"

他答道："总结什么啊？这种小事，只要不出错不就行了吗？"

我告诉他，有一位"大咖"刚入行时跟他一样也是一个小助理，每天的工作也是走走流程，贴贴票据。贴了几个月的票据后，他做了一个表格，将所有的数据按照时间、数额、消费场所、联系人等记录下来。起初的目的很简单，只是想在财务上有据可循，万一上司来询问，他也会有准确的数据向上反馈。渐渐地他发现了一些规律，比如哪一类的商务活动经常在什么样的场合进行、预算大概是多少、总经理的公共关系、常规和非常规的处理方式等，这些信息都十分重要。后来他的上司便发现，布置给他的工作总能处理得妥帖到位，甚至一些问题领导并不知道，他已经及时准确处理完了。这种情况下，领导把越来越多更加重要的工作交给他。再到后来，他就成了该公司的中坚力量，在这个行业也有了很大的名气。

小 B 听完后放弃了辞职的想法，回去安心干活了。我讲这个故事的目的并不是为了让他专心地贴票据，而是在告诉他一条在任何领域都适用的成功之道——那些能承担大责任、做大事的人，无不是从解决小问题开始的。一个人假如连解决小问题的耐心都没有，他也不可能把大事做好。耐心和专注，向来是成功的最大助力！

敷衍工作就是在敷衍你的前途

你有没有试过问自己："我上班是为了什么？"

为了薪水？为了前途？为了打发无聊的时光？我们不想探讨人们选择一份工作的目的，我们要探讨的是——对待工作的态度在多大程度上影响人的工作结果。

如果你连自己上班的目的都不知道，那么你只会像一台机器一样，每天固定地上班下班，缺乏对工作的思考和创新，沉不下心来，工作做不到闭环，对上司没有交代，自己的心理也不平衡。如果你为了薪水，那么追求高薪不就是你的目的吗？为了前途而努力的工作，升职不就是你的目的吗？可为了打发无聊的时光，却每天像一个机器人一样工作，不就与自己的初衷相违背了吗？

无论抱有什么目的工作，都一定不能马虎和敷衍，一旦你开始机械地工作，态度变得敷衍，你敷衍的不仅是工作，更是自己的前途。试想一下，如果你在工作中只是被动和麻木地参与，浑浑噩噩地度日，纯粹是为了工作而工作，不再对工作抱有热情，不再向工作注入自己的智慧，不再自信，也不再关心工作的发展，对大大小小的任务敷衍了事。长此以往，公司自然会蒙受损失，而你也慢慢地失去了专业能力。公司还有什么理由重用甚至留用你呢？

做事要有耐心

小宋向我请教问题，他最近遇到了一个非常刁蛮的客户，合同拖了三四个月仍迟迟不跟他签约。小宋说，客户先提出产品的设计图不符合要求，等改完了却觉得之前的那个设计图还不错，又重新改回来，单是产品的设计图，小宋就改了一个多月。这个环节好不容易过关了，客户又认为产品的质量不符合他的要求，小宋又不停地跟厂家沟通和协调，夹在厂家跟客户中间十分煎熬。等产品的质量满足了要求，客户又对合同不满意，而且脾气暴躁，到处挑毛病。小宋感觉再这么下去，自己就崩溃了。

我听完后告诉他：“你应该庆幸，而不是抱怨，因为你快胜利了！”

小宋很高兴地说："真的吗？您看这单生意能拿下来？"

我摇头说："我说你快胜利了，不是指搞定这个生意，是你在这个过程中取得了进步，你正在破茧，即将成蝶。一单生意签不下来没关系，未来你有的是机会，只要保持这种耐心，就一定能签到比这更大的合同。"

耐心，就是我表扬小宋的原因。客户很难缠，我们都知道；客户喜欢刁难人，我们也清楚。但要做好工作，就得让客户满意。要让客户满意，就得耐心而且细心，不管客户出多少难题，都要不卑不亢，在力所能及的范围内予以解决。这是一个服务客户的过程，也是一个提升自我的好机会。

如何在做事时用耐心取得成效？

第一，明白对方的利益点。

比如，我们和客户、同事之间往往会存在着工作和朋友两种关系。当利益方面发生冲突时，沟通就会变得复杂，对方想让你付出更多，不断找你"麻烦"，很容易失去耐心，爆发冲突。这时你首先要明白的是，你们之间的问题出在朋友层面还是工作层面，对方的利益需求点在什么地方。搞清了这个问题，心中就有了底气，便能从容地应对。

第二，适当控制自己的情绪。

不管和谁进行工作交流，都要注意控制自己的情绪，不能在对方的刺激下随性而为。一个失去耐性的人是不适合承担重要工作的，优秀的人才向来都拥有强大的自控力。所以必须养成控制情绪的习惯，在客户和棘手的工作面前做到宠辱不惊，展现自己出色的工作能力，赢得客户的认同和老板的赞赏。

做好眼前的每一件工作

古希腊的哲学家柏拉图有一位得意弟子，他聪明且很有潜力，视角也很独特，他一直希望自己能够成为和老师一样伟大的哲学家，但他不愿意多下功夫，他认为自己的聪明能敌过他人的努力。

柏拉图认为他还需要更多的生活历练，于是告诉他：“人的生活必然要有伟大的理想来指引，但只有理想而不愿意脚踏实地，那也不算完美。”这位学生知道老师是想劝自己务实一点，可他认为自己确实比别人聪明，他可以轻易地解决任何问题，所以成功也比别人更快。

有一次，柏拉图和这位弟子一同出门，见前面有一个很大的土坑，周围还长满了杂草，平常的人只要稍加注意就会绕过土坑，但柏拉图知道自己的学生赶路时不爱看路，于是他告诉学生前面不远的一个路标是他们的目标，他要和学生进行一次行走比赛。

学生欣然答应，很快便走到了老师的前面，柏拉图在后面不紧不慢地跟着他，眼看离土坑越来越近，便提醒他："小心你脚下的路。"学生却不以为然，笑嘻嘻地说："老师，你才该提高自己的速度，我已经比你更接近目标了。"

话音未落，柏拉图就听到"啊"的一声惨叫，自己的得意弟子掉进了土坑，柏拉图把他拉上来，笑着问："现在你再看看，谁会先到达终点呢？"

聪明是好事，但我们不能把希望都寄托在聪明上，小心走好脚下的每一步才是适合于大部分人的成功模式。

刚来公司半年的小超敲开我的办公室，问我："老板，我想请教个能迅速升职的办法，有吗？"

我说："没有。"

他又问："那我请教个迅速加薪的办法，有吗？"

我说："没有。"

他不死心，又问："那我请教个能迅速熟悉业务流程的办法，有吗？"

我摇摇头："还是没有。"

小超一脸失望地说："那马云、刘强东、王健林是怎么干出来的？"

我说："书店里很多书在写他们是怎么成功的，你可以买来看看，但我告诉你，如果照着他们的方法做，你一定死得特别惨！对你来说，认认真真、兢兢业业、本本分分、踏踏实实地做好眼前的每一项工作，才是最稳妥、最有效的办法。"

没人不想一夜暴富，也没人不想在公司青云直上，短时间内便升职加薪，成为老板的红人，获得事业的成功。但成功不是天上掉馅饼，也不是只盖一个漂亮房顶就可以了，而是要从打地基、一砖一砖地垒墙开始。不脚踏实地地做好眼前的每一件工作，即便偶有成就，也不是长久的。成功没有捷径，唯有步步前行，方能达到目标。

贵在坚持

没过多久，小超又有问题了。我发现他上班以来每天都在坚持写的工作笔记最近突然停了，便问他怎么回事。小超答道："我只是觉得一直做工作笔记没什么意思，天天写的东西都一样，便有点烦了，不想再写。"

我告诉他，若干年后，你也许成功，也许失败，那是不能把握的。没人能完全决定自己未来的成就，但如果你不认真对待的话，特别是连一件容易的小事都坚持不下去，将来就不知道自己为什么成功、为什么失败。坚持写笔记，既可以记下荡气回肠的成功的故事，也可以从千回百转的失败的故事中收获教训，以便未来避开这些陷阱。

小超点点头，当天便恢复了写工作笔记的习惯。

即使是小小的工作笔记，也要养成坚持的习惯

关于工作笔记，有一次田秘书来找我，他很痛苦地说："老板，我突然发现，我做的笔记几乎从来没看过，我突然怀疑做

笔记的必要性了。而且写笔记这事看着简单，天天写就成了一种折磨，太考验人的定力了，简直就像受刑。我能不能停下来？”

我说：“第一，做笔记本身就是对工作加深一遍印象。第二，你不是从来没看过，只是几乎没看过，如果有什么具体数据、事件、时间节点等重要消息需要查询的时候，可以翻阅笔记查看重点，从这些细节的记录中你能检查得失，纠正错误，以防未来重犯。所以，笔记是什么呢？是你可能一直用不上，但想用一下的时候却能起到关键的作用！”

我们都承认一个事实：工作令人心烦。工作中琐碎的事情很多，考验人的耐力，因此要有一种工具对我们的工作起到辅助作用，笔记就是这种性价比极高的工具。有些重要的事件要翻笔记查询，有些失败的教训要从笔记中吸取和总结。单靠记忆力是做不到这一点的。

写好工作笔记，就是每天早上安排一天的工作，下班前再整理自己的工作，便能够给未来的工作做一个良好的参照。这是一个不起眼、可作用无比重大的习惯，一定要坚持下去，因为它能让一个头脑不怎么聪慧的人也能在时间的赛跑中取得令人惊叹的成功。

磨难是锻炼的好机会

我们眼中所看到的种种苦难，都能强化人的意志，只要能沉下心坚持下去。司马迁受了宫刑仍然坚持写完《史记》，一部“史家之绝唱”从此诞生；玄奘经过一次次的苦难征程，不远万里将济世救人、洗涤心灵的经书自天竺带回唐朝，成就了自己一世英名，也将宝贵的佛经带到了中原；马克思生活潦倒，常常靠朋友的资助度日，经历了无数的苦难，终究在哲学领域占领了一席之地，并且成为思想领袖；贝多芬双耳失聪、穷困潦倒时，创作出了最伟大的乐章，在音乐史上留下了不朽的传奇。诸如此类的例子不计其数，都表明了在困境之中坚持的重要性。

让我们在做事的过程中经受考验和磨砺并从中受益的，绝对不是舒适与安逸的环境，而是一件又一件的烦琐小事，越是不容易做的事，就越要坚持做好，锻炼自己的责任心，也从中激励自己的潜能。

第一，折磨自己，方获重生。

对于一个刚进入职场的年轻人来说，所有的阻碍和困难其实都是有益的。它能折磨你，也能提升你，好比先“死亡”然后获得“重生”，让你拥有百折不挠的韧劲。在工作中先习惯了折磨自己，才能担当大任，而不是一味地只想在顺境中做大事要事。由着自己的性子来，做什么都很难成功。

第二，从细节中修习心性，从煎熬中沉淀意志。

我推崇工作笔记的一个重要的原因，就是写笔记是一件需要在细节中自我检省、自我发现的工作。不断地重复这个过程，我们的心性可以得到锻造，意志也能从这个长期的煎熬中得以沉淀和强大，最终转化为积极的力量，对工作起到巨大的帮助。

责任！责任！

客户王总放在公司准备运营的产品样品不见了，负责人小秦向我汇报，想再跟王总要一套，好拿着样品去找客户谈项目。我说：“不可以！样品丢失是你的责任，你要照价赔偿，自己去正规销售渠道买一套，拿着样品去找客户谈事。谈完了再把样品交回到公司。”

小秦很吃惊地问：“公司的样品，为什么让我个人花钱？”

我说：“样品是你丢的，这是你的责任，当然由你来赔偿。”

小秦眼珠子一转，又问：“那我也可以找客户拿一个成本价嘛，为什么非要在正规渠道拿全价呢？”

我严厉地批评他：“第一，这是你的错误，为什么让客户帮你背！第二，你怎么知道客户成本价的？谁泄露给你的商业机密？你知道什么后果吗？快去自己买。”

没有能力不可怕，没有责任心最可怕

说到“责任心”这个词，不少人心中一凛，老板让我干什么我就干什么，从不迟到、早退，对工作也不抱怨，难道这不是责任心吗？他们说对了一半，这是责任心的表现，但只是达到了及格线。责任心强的员工不仅能完成上司交代的基本任务，对待工作还有深度挖掘的精神，细心而且高效。

有一天小宋过来交面试人员的简历，我问他一共有几份，他答不上来，问他几男几女，他也答不上来，问他这些求职人员的学历是否都合格，面试哪个部门和哪个岗位，他还是答不上来，统统只有一个回答："老板，我还没仔细看。"

作为公司的招聘负责人，小宋的行为就是不负责任的表现。能力是一方面，责任心才是最关键的因素。我常对员工说，能力可以通过学习、培训、锻炼来提高，有了经验就有了能力，但责任心是必须靠自己的，公司不可能替你背锅。

没有能力不可怕，没有责任心最可怕。比如恋爱结婚，我们常常会对另一半有这样一个期待，做到了就是有责任心。在职场，公司用人和管理时也是如此，员工希望找到一个负责任的公司，公司最想要的也是有责任心的员工。

家庭中的不负责任表现为这个人不为自己的家做一点贡献，解决一点问题，有时反而还要惹上是非；工作中也是如此，一个不负责任的员工，具体的表现便是马虎地对待工作，出了问题没有担当，遇到事情便推三阻四。

你能担多大的责任，就值得拥有多高的职位

很久之前，我参加过一次高端的企业培训课程，讲课的是

一位世界500强企业的副总裁，他在会上反复强调的就是一句话："在工作中你能担多大的责任，就值得拥有多高的职位。"

责任心是一种使命感的体现，是人们从心底发生的一种自愿和自觉，一个有责任心的员工会主动地为企业解决各种问题，他们心中想的是——公司的事情我有责任去管，也有义务去处理，我的行为不能违背公司的利益。

一个人的责任心决定了他对公司的忠诚度，也决定了他解决问题的能力，最后又决定了他在公司中的位置。

不负责任的员工，就意味着他不会把公司的事情当一回事，不会主动维护公司的利益。这样的员工，公司没有理由留下他们，要么就会被上司安排一个可有可无打杂的职位，要么就会被公司"请"出门外。

第一，公司没有与我无关的事。

那些有责任心的人，不仅尽职尽责地做好自己分内的工作，而且在他们的意识里面，公司里没有与自己无关的事。一切与公司利益有关的事情，他们都会在必要的时候插手去处理，做好细节，善始善终；一切有损公司利益的事情，他们也会在必要的时候去阻止，主动解决各种各样的麻烦。

第二，对待工作要统筹兼顾，考虑周全。

从自己的利益出发，也许只是对自己负责的一种表现，并不代表其对公司负责，有责任心的员工会对工作统筹兼顾，以“集体利益大于自我利益”的态度去思考问题和解决问题。这么做，很容易就能得到老板和同事的认可。

老板的选择，是员工决定的

员工作为执行者，做事情就要做细。小宋的粗心大意不止一次地被我批评。有一次他负责接待客户到公司拜访的任务，任务安排两天后我问他进度，他向我汇报道：“联系过了，客户可能下周过来。”问他究竟周几，他不知道；问他坐飞机还是高铁，他也不知道，总之一问三不知。然后我把他的副手小郑叫进来，小郑说：“客户是下周周三下午 3 点的飞机，晚上 6 点钟到，他们总共 5 个人，由王经理带队，我们公司会派人到机场迎接，客户计划考察两天时间，具体行程到了以后双方商榷。”

我说：“好，从现在开始，小宋你听小郑指挥，要服从他的管理。如果再出现这种工作不到位的情况，你就自己写辞职信。”

为什么有的员工不受公司重用？老板为什么选择辞退一名员工？难道管理层跟员工有仇吗？显然不是。老板在管理上做出的每一个选择，往往是由员工的行为决定的。比如升职、加薪，并非老板突然心血来潮，而是有严谨的依据。你把工作做得细，做得让公司放心，就能获得很好的发展空间；你做不到，就只能接受惩罚。

有两个年轻人约翰和大卫，他们同时进入了一家超市工作，两人都是从基层开始工作。不久之后，约翰受到了经理的青睐，一路高升，直至部门经理。这引起了依然在基层工作的大卫的不满，于是他找到经理想要一个说法，为什么不提拔自己这个一直辛辛苦苦工作的员工，而对约翰这种爱吹牛的人一再提拔呢？

经理耐心地听完大卫的控诉，然后告诉他：“小伙子，你是很勤劳，这是我们大家都看到的，那么请你现在立刻到集市上去，看看今天大家都在卖什么？”

大卫听完经理的话，很快去了集市。回来后他告诉经理：

“集市上只有一位农民，拉着一车的土豆在售卖。”

经理接着问：“一车大概有多少袋？一共多少斤呢？”

听到这个问题，大卫不得不再次去集市，回来告诉了答案。经理又问他：“这些土豆值多少钱呢？”大卫听到后，不得不转身又去集市。经理说：“停，你先休息一会，让我们看看约翰会怎么来处理这件事。”说完找来约翰，吩咐他：“你立刻去集市上看一看，今天都有什么卖的？”

很快约翰便从集市上回来了，他向经理汇报道：“集市上只有一位农民在卖土豆，一共 40 袋，价钱很公道，质量也很好，所以我带了几个回来，让你过目。这个农民告诉我，一会儿他还会带一些西红柿来卖，他报的价钱也很便宜，我们可以进一些货，所以，我把西红柿的样品也带了几个回来。现在这位农民正在外面，等着你的回话呢。”

经理看了眼满脸通红的大卫说：“瞧，这就是约翰获得晋升的原因。”

故事很简单，却发人深省。效率永远大于劳力，要想让工作有价值，首先要把事情做细。假如你忙忙碌碌了一整天，累得就像脱水的驴一样，做出的工作却不敌别人一个小时的贡献，你怎么能得到老板的青睐呢？只听话是不够的，还要利用有限的时间做出最大的贡献，提供超额的价值。

企业当然注重员工的工作态度，这决定了你是否是一名合格的好员工。但在此基础上，企业更在乎的是一个人的工作效率，如果你在同样的时间能较之别人做出更多、更好的工作，就意味着你的能力更强、效率更高，理所当然会获得比别人更优质的薪资与职位的回报。

第六章　没有最好的，只有最对的

执行命令

我安排小辉去租一辆捷达车，准备一小时后到机场接客户公司的王总。小辉想了想说："老大，租捷达干吗，开公司的奔驰去不就行了吗？"我重复命令："租一辆捷达，一小时后机场接王总！"小辉还没意识到，继续提建议："为什么要租捷达，奔驰或宝马既有面子，又有诚意，而且省事，再说了……"我提高声调说："那你自掏腰包吧，公司支持你。"小辉一听，脸顿时绿了。

执行比想法重要

对于一支优秀的团队而言，决策力、执行力、解决力这三种力都非常重要，它们也是一个闭环系统中的三个重要组成部分。决策力是一个人在关键的时刻做出正确判断和选择的一种能力，也是管理者发起命令的能力，它造成的影响是最大的，真正地牵一发而动全身。因此决策能力经常作为一个领导者必须具备的基本能力进行考核，是判断一个人是否具有管理能力的基础因素。

不过，最重要的还是员工的执行力。执行力近年来已经成为全球最为流行的管理话题，企业中的执行力缺乏已经成为一个普遍的问题，团队执行力的缺乏原因是什么？经常因为上、中、下级之间缺乏有效的沟通，形不成一个完整的闭环，管理制度成为一种无用的摆设，哪怕有了一个好的决策，发起了一个好的项目或任务，也不太可能得到一个好的效果。简单一句话：员工的想法与管理者的命令有冲突，决策常常执行不下去。

行动力是“解决力”的基础

在管理中，行动胜过千言万语。员工的解决力是基于行动产生，而不是源于对上司命令的质疑。服从很重要，员工首先要有行动力，然后才有解决力。有了解决力，闭环思维才有发挥作用的机会。就拿小辉来说，他的想法可能也不错，但那建立在他是管理者的基础上，在执行力不足的情况，他的想法再好也没有价值，因为他无法给上司反馈一个高效而有力的结果，没有执行既定的解决方案，就等于什么都没做。

工作要主动

我把小龙叫进办公室，询问他和小六与王总这几天洽谈业务的进展，小龙这么回复我：“老板，我已经发微信给王总了，他一直没回应，我感觉王总对咱们的项目不感兴趣，毫不上心，我认为就算达成合作，也不会成功。”你有没有遇到过这样的下属？他们永远是消极的态度：

我在等客户回应；

我在等同事支持；

我在等公司表态；

我在等市场机会；

……

诸如此类，你看不到他们主动地思考对策、行动起来争取好的结果。他们的表现好像是：我已经尽力了，可事实就这样，我能怎么办呢？然后还希望上司体谅他的辛苦。因此我对小龙说：“知道了，这个项目我就全权交给你手下的小刘来做。”我决定让他出局。

被动等待，是消极工作的表现

小龙很不理解，于是我告诉他：“在我没问你之前，小六来找我汇报了一下，他感觉到了你想放弃的想法，他做了个计划，计划跟王总及身边各 4 个部门经理进行电话沟通，再出差一次，跟包括王总在内的两个人进行当面沟通。他跟我要了一份公司报价授权幅度，明确了招待标准，最后他计划在 10 个工作日内拿下王总。你怎么看？”小龙脸红了，觉得自己的手下有两下子，工作态度比自己好，方法也比自己多。

这种被动的等待在职场中很常见，我们时时刻刻会碰到身边的人以“事来找我，我就做；事不找我，我就等”的消极态度应付上司的命令和公司的决策。遇到点困难，他们就停下脚步，把困难当成了护身符，很少主动想办法解决。这是缺乏行动力的典型表现，需要管理者警惕。

主动寻找机会，才能做出更好的成果

在闭环思维中，主动是一个与效率息息相关的因素，是一种可以让人变得靠谱、让工作变得高效的好品质。在工作中如果你默默地做，静静地等，就会让自己一直处于一种被动的位置，许多人就这样悄无声息地干了一辈子，终生碌碌无为，没什么亮眼的表现，也改变不了自己平庸的命运。也许你的能力早就能胜任比自己现在职位高出许多的工作，但因为没有抓住机会，只能原地踏步。

第一，机会需要主动创造，也在主动的工作中开花结果。要让领导发现你，让上司看到你想要去做某件事情的意愿和决心，才能在激烈竞争中获得更多的发展。小龙对项目的态度无法让我看到他要把事情做好的决心，小六却表现出了强烈的要将工作做好的意愿，也争取时间创造了机会，所以小六得以升职。

第二，主动还意味着对现状不要满足，要继续向上攀升。就算你现在有了一份很不错的工作，做出的成绩很好，也不该就此满足，应发挥主观能动性，激发更强的行动力，争取做更重要的工作，担任更好的职位，解决更困难的问题，处理那些大家觉得不好做的任务，为公司提供更大的价值。

老板的意见不用解释，做就是了！

员工小茗兴奋地找我汇报："老板，小辉租了捷达接上王总了。可是我想知道，为什么要到外面租捷达，不用咱们公司的奔驰车呢？小辉提的想法挺好啊，您为什么不接受他的建议呢？"我跟她说，王总刚给我们公司注资，是第一次来考察，公司不能给王总留下"拿了钱去买豪车而不干实事"的坏印象。小茗懂了，但是又问："既然如此，您为什么不告诉小辉呢？"我说："老板的意见是不需要解释的，员工去执行就好！"

凡事无论对错，态度错了皆输

上司吩咐的事情，员工去做就对了，不是自己该做的，就不要问老板。这首先是态度问题，其次才是能力问题。不管你能力强不强，只要态度错了，所有的事情就都错了。态度不端正，在管理者看来什么事都做不好。

公司业务多，但是人少，所以工作吃紧。我跟宋经理说："你的部门缺一个销售业务拓展渠道，要不要招聘一个？"宋经理一听很高兴，连忙说："要要要，老板，我也要找您说这个事呢。"我说那就好，抓紧招聘吧，这时宋经理又问了："老板，您看这个渠道拓展有什么招聘要求呢？"

听到这样的问题，管理者都会很失望，下属的部门需要招聘，由上司提出来已经是下属的失职了，这时还要让上司拟定招聘要求，说明宋经理的工作态度和行动力均出了问题。所以我对他说："我准备招一个明白整个部门所有岗位招聘要求的人，然后让他整理招聘要求，并且重新考量部门里面所有人员是否符合要求，包括对你也重新考核！"

少问多做，行事才算机敏

尼尔的父亲是一位渔民，有一次尼尔跟随父亲出海打鱼，看到大海，他发出了感慨："海是多么伟大啊，它滋养了那么多的生灵。"父亲看着自己的孩子，问他："你知道海为什么那么伟大吗？"尼尔不敢贸然地回答，接着父亲答道："因为海的位置低，它才能装那么多的水。"

关键就是这句：位置低。摆正了位置，才能容纳万物，才懂得少问多做的道理。现在许多年轻人和新入职场的员工摆不正自己的位置，没有行动力，还喜欢给上司添麻烦。用一句俗话说，就是"胸有千言万语，脚下实无一物"。

第一，心可以在高处，手一定要在低处。任何事情光靠想是没有作用的，只有落到实处才能创造出一定的价值，所以，一定要把自己的手放在低处，拥有远大的志向，却又不好高骛远，这是成功者的一个必备条件。

第二，主动出击，不要等！因为做了，才有结果。做都不做，怎么会有结果呢？无论行动的压力有多大，都要果断实施正确的计划，将位置摆得低一些，行动更快一些，我们的进步才能更明显一些。

分外事也是加分项

牛经理负责人事部门的工作，一向看人很准。他向我提交了这一期实习生的评估报告，上面没有小贾的名字。我印象中小贾的学历、工作能力和态度方面都不错，还以为一定能留下，没想到被牛经理淘汰了。

“这个人表现不错，为什么没留用呢？”

牛经理解释说，小贾在工作上斤斤计较，部门上次加班需要临时抽调几个实习生帮忙，他是唯一一个拒绝并抱怨的人。他拒绝做分外事，并不会让他被否定，但管理者会因为他只做分内事而不信任这个人。因此，小贾有权利拒绝分外事，但他的上司也有权利拒绝他。

给同事帮忙是分外的工作，不在公司强制要求的范围内。但如果员工一点分外事不做，保持一种冷眼旁观的态度，在上司眼中就没有了额外的加分。就是说，“乐于助人”在不影响自己工作的前提下绝对是深受上司欣赏的加分选项。

不要只顾眼前的利益

以前我看过一个教育类的短动画片，说有一位老人非常喜欢猴子，所以他自己就养了很多的猴子。有一年地里收成不好，产出的粮食有限，老人就对猴子说："现在粮食不够，必须节约着吃，现在每天早上吃三分之一的量，晚上再吃三分之二的量，你们愿意吗？"

猴子们听了很生气，说："早上吃得太少了，你怎么可以这样！"

老人说："那就早上吃三分之二的量，晚上吃三分之一的量，怎么样？"

猴子们听了一合计，觉得早上多了一颗，还以为自己占了便宜，于是高兴地接受了。但事实是老人给猴子的粮食总数并没有改变，猴子的行为是一种只顾眼前利益的表现，它们不看长远，是比较自私的心理。等粮食吃光了，它们就会受到这种短视行为的惩罚。

小贾不想做分外事的行为也是这种心理的体现：该做的拼命做，但不属于自己的工作就一点不做。他虽然会成为一个能干好本职工作的出色员工，可在上司眼中，这仅是刚达到了及格线而已。

立足长远，主动参与

对眼前的利益锱铢必较，不想多出一分力，是很难在职场上获得成功的。企业愿意提拔那些主动参与工作、帮助同事的员工，这样的人才是中坚力量，是未来潜在的精英，能承担更大的重任。因此，做事情一定要有一个长远的计划和广阔的视野，做好自己的事的同时，也要拿出余力帮助其他人。这也是行动力的重要组成部分。

不怕犯错

我让小A把一份资料的最终版本打印10份发给投资方看，小A一边说好，一边提自己的建议："老板，我昨天给您看的那个文件封皮很气派，也不贵，要不要换上试试？"

"可以。"

小A又问："还有，这份文件没有页码，我觉得加上更好，您觉得行吗？"

"没问题。"

小A接着问："还有，我觉得纯文字版本的两页用公司的打印机比外面的彩打节约一些成本，我保证纸张质量一样，装订工作我来解决，您看行吗？”

“行。”我表示同意，同时提醒她，“你已经进步了很多，有些事情可以尝试着勇敢一点，下次不用汇报，直接当家做主去办了就好，我会看得到你的进步的。”

小 A 担心地问：“可万一办得不够好呢？”

我耐心地告诉她，这没关系，只要问题不严重，做错了大不了受一顿批评，但进步和提升自我的机会还是要把握的。在小 A 的身上我看到了很不错的主动思考工作的潜质，她希望把事情做得更好，但是尚欠缺主动行动的精神。原因是：

第一，她怕犯错，因此虽然有创造性的想法，但必须问清了老板的意图后才敢采取行动。

第二，有过于死板的遵守规矩的心理，比如遵守以前的惯例、不敢突破传统等。

这两点在大部分企业雇员的身上都有体现，甚至是如今非常普遍的职场生态——人们为了不失去工作而选择保守，宁可无功，也不想有过。但对管理者而言，一名出色的员工在工作上既要主动，也要敢于尝试，不能害怕犯错。老板不希望员工事事请示，更不希望他们过于小心地循规蹈矩。

听清指令

我签完一份文件，交到小李的手中，让他将新的三个业务的项目书拿给我。小李惊讶地问：“有新的业务吗？我不知道啊，我现在去问问。”五分钟后他回来说：“老板，最近公司在谈三个新业务，分别是机器人、茶叶和蜂蜜。”我说：“项目书呢？”小李满脸的问号，突然醒悟过来，一拍脑袋，又跑了回去。

等他把项目书拿过来，我严肃地告诉他：“下次再有这样的表现，你就等着降级吧。下属最重要的素质是什么？不是问东问西，而是执行上司命令的能力和效率。把工作执行好的前提是什么？是先听清上司让你干什么。连上司的指令都听不清楚，哪家公司愿意用你？”

想执行到位，就要先领会到位

许多人的执行意识很不错，工作主动性很强，但却经常会错意，任务执行起来便南辕北辙。上司让他向东，他听成了往西，结果等于什么都没做。管理学中有一个原则叫“精准领会，精细执行”，专门用于描述领会与执行的关系。

精准领会——公司安排了什么任务，上司让你干什么。必须到位而且精准，明确理解上级的意图，而不是有所偏差。比如，我的指令是让小李把项目书拿过来，不能领会成“向我汇报正在开展的新业务的名称”。

精细执行——执行不仅要到位，而且要精准地到位。即在时间、质量、数量这三个要素上，都要执行得分毫不差，挑不出任何毛病，通俗地说就是“又快又好”。如果上司让你去拿三个项目书过来，你只拿了两个，或者半小时后才拿回来，这便是执行得不精细。

思维不要太跳跃

如何才能做到精准领会、精准执行？拿小李来说，他的问题出在自己想得太多，脑袋太活跃。领导让他去做一件事，他想到的是与这件事相关的其他问题，而不是马上执行领导的指示。在我印象中，很多从事创意工作的人均有这种思维习惯，他们对上司的要求有天然的对抗思维，有强烈的自主意识，缺乏快速行动的执行力。要纠正这个问题，就要在执行时建立一种本能反应——先执行，再提问。就是说，上司对你提了一个要求，只要在你的职责范围内，就不要思前想后，马上执行。等执行完了，若有疑问再与上司探讨。完成一个闭环，再开始另一个闭环。

对路才是好

小郝拿着公司与客户刘总的合同草件来找我，我安排他将合同交给小宋，让小宋次日给刘总送过去。小郝借机打小报告，说："老板，我觉得小宋有时说话太过了，昨天跟刘总吃饭的时候您也看到了，他跟刘总又是拍桌子又是讲段子。这有点影响公司形象啊!”我立刻纠正道:“这叫懂得掌握方法，对症下药！刘总就是那样的人，所以小宋不是过分，是对路。比方说你，名牌大学毕业，英语说得比中文都流畅，但不能对谁都使用你最擅长的语言啊，和客户打交道要使用对方擅长的语言才对，是不是？”

为什么小刘这样的员工很受上司的喜欢呢？因为他们不仅有很强的行动力，还明白用最恰当的方法把事情做好，也就是有强大的信念和正确的方法。在闭环思维中，执行不是一个孤立的动作，它包括成功完成一项任务的各种因素，比如理解力、行动力、决策力和务实能力等，对一个人的综合素质有着很高的要求。

听指挥，事情还要做到位

社会上有不少这样的人，他们只管上班而不管贡献，他们只是接受指令而不顾后果，他们往往得过且过，对工作应付了事。他们也常常无法在规定的时间完成任务，经常马虎大意，对领导者搪塞敷衍。看上去是听话，可结果做不好。这些都是事情做不到位的表现。

人活着是为了什么？或者说人在企业中如何做才是及格呢？其实就是要为企业的发展做出贡献，要用正确的结果说话。上面所说的这种人，显然不能给公司、上司带来什么贡献。光听指挥是没用的，还要在规定的时间内拿出优质的成果，让公司受益，让上司放心。成功不是埋头苦干，是要讲究方法地把工作做得更完美。

明确目标，行动要有针对性

现在很多人看上去每天都很忙，他们似乎有做不完的事情。但是忙碌了半天，做出来的工作却没有什么好的效果。我发现这一类员工都是“有态度无目标”，态度很好，目标模糊，做事没有针对性，结果就是业绩很差。只是一味地去做事，不代表你能够成事，要想成功就必须明确目标，然后才有针对性。就像砍柴一样，要照着纹路砍下去才能事半功倍，不然便费了很大力气也砍不出多少。

思考要对路，做事要到位。这是每一个员工最基本的工作准则，同时也是我们作为一个人的基本要求，长期坚持下去，方能提高工作效率，在企业中获得较好的发展。

第七章　敢说“我错了”三个字，也是靠谱的表现

帮人，需要条件

小王谈的一个客户没能签下正式合同，我在项目会议上当场宣布扣除小辉的部分奖金。小辉听说后急得就像被火盆烫了一样，找我要说法。我淡定地问：“小王谈客户时你是不是去帮忙了？”小辉脖子一挺，说：“是啊，我那是好心帮他，帮不成我也没办法，但为什么扣我钱呢？”他说得理直气壮，可惜小王不这么认为。在小王看来，没小辉掺和，早就把合同签下来了。

我说：“你在群里主动说跟客户很熟，要去帮忙，全公司

都看见了，大家对你称赞万分。小王也没有明确拒绝你，所以没谈成，你和他都要受罚。但如果谈成了，我只会奖励小王，小王要不要感谢你是他的事。听懂了吗？”

小辉气愤地说：“下次我再也不主动帮人了。”

“不是不可以主动帮人，”我说，“是帮人的时候要确定两点：第一，你有能力帮助同事；第二，对方愿意接受你的帮助；第三，你也要确保自己的帮忙能起到作用。”

帮忙前先处理好自己的事

公司的小超也是一名热情的员工，乐于助人，和同事的关系很好。但是有一天，我把他狠狠地批评了一顿，因为他放下自己的工作，跑去帮业务部的同事开车拉货，理由是司机辞职了，暂时没人，他正好看到，就自作主张当了一回乐于助人的兼职司机。

我说：“业务部的人辞职是他们自己的事儿，你要做好的是你的本职工作，真的急需你去帮忙也可以，但你要跟自己的领导说一声找人代替你，或者在公司的群里通报一声，这些你做了没有？”

他低下头："没有。"

我说："你擅自离开岗位，不通报，不找人代替，也没有人知道你外出，我可不可以算你旷工？万一客户来访，你不在，公司损失了客户，你要承担什么责任？念在你一心为了公司，这次就暂且记下，只做口头批评，但是下不为例。"

见同事忙不过来而主动伸手相助，这是一种很好的品德，是管理者鼓励的行为。我也希望员工要互相协作，不要只管好自己的一亩三分地。但是帮助同事有一个前提条件，就是不耽误自己的工作。如果有必要放下自己的分内事去协助同事，就必须请示上司，事先安排好替代者，才能既帮到别人，也不误了正在做的本职工作。

求人帮忙，也要为别人考虑

批评完小超后，我把业务部的主管小刘叫过来，说："你们业务部今天让小超当了一回司机，对吗？"小刘点头，承认有此事，他说司机辞职一周了，公司仍未招到新司机，正好有批货时间很急，小超看到后愿意帮助，他就安排小超开车去了趟仓库，把货准时拉到了客户公司。

我说："小超年轻又热情，你叫他，他就去了，结果自己的工作差点耽误。这些你考虑过没有？下次再遇到这种情况要找老员工帮忙，因为老员工能处理好各种情况。还有，一定要考虑到对方的工作，处理好周边情况，搞好一切善后事宜，才能请同事帮忙。"

在职场中，人和人换位思考是很重要的，因为每个人、每个部门、每个公司都有不同的工作方式，大家也有各自不同的原则，只有学会了换位思考，考虑一下对方的想法，我们才能更好地互相帮助，这也是帮助同事的前提。要设身处地地为别人着想，我们才能让更多的人聚集成为一个整体，那么团队的共同战斗力也就得到了真正的提高。

拒绝也是一种最佳选择

最近小宋忙得焦头烂额，天天加班，终于有一天忍不了了，跑来提意见，说："老板，上一个项目我还没忙完，您又给我下达了新的任务，而且招待、策划、差旅等公司资源也不偏向我，这么多事我一个人很难做啊。"

我说："布置给你新工作时，我不是直接下命令，是征求了你的意见的。你说你能搞定，我才交给你去办的。下一次，如果你搞不定就不要答应我，好吗？”

小宋辩解道：“我搞不定，其实是因为您没有把公司的资源偏向给我，您太偏心了。”

我说：“公司的资源不偏向你，是因为你搞不定的次数比其他人多。所以，慢慢地，有限的资源当然是优先给能够搞定的人使用，对此你有意见吗？”

小宋继续抱怨：“那您布置新任务的时候，为什么不交给那些容易搞定的经理呢？”

我说：“我再强调一遍，这些工作我没有下命令，而是征求你的意见，询问过你的态度，我也没想到你答应得那么痛快！所以，没有拒绝就是你这次犯的错误，明白了吗？”

小宋不懂拒绝，做了太多自己做不好的工作，反而给他带去了麻烦。不会拒绝的人往往被我们称为“老好人”。这样的一个称呼带有某种调侃的意味，做一个“老好人”不仅会让自己总是承受一些委屈，做过的好结果也往往被人遗忘。所以不管是生活中还是工作上，懂得拒绝是十分有必要的，这也是一种自己保持工作效率的成功之道。

工作中，我们面对的常常有上司、同事以及客户，这些人都会有各种各样的要求来提出来，其中不排除一些不合理和不该由你做的要求。面对这样的情况，你必须去拒绝，但必须注意的是——拒绝对方时要有理有据，讲原则也要讲技巧，才能让自己的拒绝产生相对最好的效果。

一般而言，我们会遇到以下三类请求，同时也有相应的三种应对策略：

第一，自己分内责无旁贷的工作。这部分工作当然要以最好的质量和最高的速度来完成，也是不能拒绝的。对这一类工作，我们有条件要完成，没条件，创造条件也要完成。

第二，与自己的职务有关的工作，但请求的时间不合时宜。这个就需要适量地拒绝，或者告诉对方什么时候再做比较合适，给自己一个充分的缓冲期，以使相关的工作符合自己的时间安排。

第三，完全没有义务的请求。这个必须拒绝，因为它只会制造麻烦，有害无益。

尽管我们有时候不得不选择拒绝某些不该由自己做的工作，我们也要遵循合理的原则。首先，说出当下的真实情况（不能接受对方的请求或要求），采取换位思考的方法理解对方，说清楚，说明白，一定不能模棱两可、吞吞吐吐。其次，用词要温和而有力，采用对方容易接受的表达方式，避免激起矛盾。最后，拒绝要趁早，在第一时间说“不”，不要过于委婉和迂回，好让对方早早另做准备，免得耽误了对方的计划，造成工作上不必要的损失。

点燃自己并照亮他人

在团队中要懂得和别人分享利益，共同成长，千万别当一名自私的团队成员，更不要踩着其他人的肩膀往上爬，把别人当垫脚石。我在公司的内部会议上说过一句话：“坏员工是老鼠，只知道偷吃仓库的粮食，从不做贡献；一般员工是猫，只负责做好抓猫的本职工作，不懂团队合作；好员工是狼狗，既能看守护院，又有友爱精神。”具备友爱精神的人，他们的工作做得好，人际关系也很好，团队精神也很强。

小宋签下了客户张总的合同，过来申报奖金，让我在奖金的申请表签字。我发现上面没有小李的名字，小李一分钱的奖金也拿不到。小宋的理由是，小李只是开车送他去了机场，没必要也奖励。他的态度很坚决，并不准备“照顾”一下小李。

我说：“张总那天赶飞机，你叫不到车，是刚下夜班的小李开着自己的车送你去的，后来你发现少带了价目表，也是因为小李平时工作比较积极，所以他的包里会随时带着一份备用合同，帮你补上了价目表，这你怎么看？”

小宋的脸红了。我接着说：“总奖金不会变，其他人已拟定的也不变，你可以从自己的奖金中分出一部分给他，当然我只是提个建议，你可以不分，小李大概不会说什么，也就是下次不会再帮你了而已。如果只点燃自己，你的周围将一片黑暗，只照亮他人，你将会成为灰烬，所以你可以试试点燃自己并且照亮他人。”小宋低下头想了20秒钟，决定把自己的奖金分三分之一给小李。

不要担心别人超过你

再举一个例子。小阳所在的公司为了扩大业务，在几个月的时间内招来了一批综合能力都不错的新人，新人很受领导的重视，于是使小阳渐渐地产生了危机感，认为在一年一次的升职机会的争夺中自己会处于劣势。他便想办法处处给新人穿小鞋。

虽然大家的职位都是一样的，但因为小阳比大家都要早来公司，新人们也不好反抗，只好打掉牙齿往肚子里面吞。久而久之，办公室便出现了一种奇怪的气氛，遇到好的机会时，新人们不敢出头，工作的创意跟不上，项目成功率迅速下降。小阳因为自身能力有限也不能给他所在的部门带来更多的好想法，业绩受到了严重的影响，大家都成了受害者。

老板看到这种情况，便开始研究对策。由于部门的工作起色不大，也没发现哪一个员工特别优秀，于是从高层空降了一位部门负责人，小阳本可以利用自己早来公司的优势带好一个团队，却因为自己害怕被别人超过，与宝贵的升职机会失之交臂。

害怕别人超过自己，或者得到的奖励比自己多，进而影响到自己在公司的地位，本身就是对自身能力的一种怀疑，是不自信的表现。

大家好，才是真的好

就像有一句广告词说的“大家好，才是真的好”，任职于一家企业，从事某一项工作，我们首先要从宏观的角度去考虑问题，对于别人是否会瓜分自己的功劳所持有的态度，直接反映出了一个人是否具有团队精神，是否适合承担重任。管理者的眼睛是明亮的，员工的所作所为都被他看在眼里，也一定记在心里，并在机会适合时算总账。如果一味地崇尚个人主义，而不注重取长补短，与团队中的同事同进同退，心胸狭窄或者目光短浅，结果便是挡住了自己前进的道路。

逃避不是办法，有事正常沟通

员工小宋希望我给他换一个部门，也就是跨部门调岗，理由是他觉得自己的经理不喜欢他，所以他希望去一个能看得上他的经理手下做，可以发挥个人的能力。有这类想法的人可不少，许多人在工作中认为自己怀才不遇，一个主要的说辞就是“上司不喜欢、不重用自己”，甚至怀疑上司故意针对他，根本不想帮他在工作上取得进步。

我问：“你确定现在的经理看不上你？”

小宋无比肯定地点头说：“我确定，我干活就没让他满意过，他老是批评我，批评得还挺重的。”

“那么他批评别人了没有？”

小宋说：“倒是也批评了，可是批评我是最重的。”

我明白了，告诉他：“我不能给你调换部门，换了也解决不了你的问题，因为问题不在哪个部门或哪个经理，问题在你！而且我也不可能指点你，坦白地说，你们是能正常沟通的，关键看你的态度。”

多沟通交流，才能解决问题

小宋的问题在于，他很想让上司看到自己的能力，却又不想主动沟通。有想法又不表达，这是我最不喜欢的一种员工属性，因为这总会造成执行障碍。当上司在工作上批评他、指出他的问题时，他又暗自觉得这是在针对自己，是给他穿小鞋。所以他想逃避，以为躲到别的部门就有好运气。

实际上，只有多主动地与上司交流，才能让上司知道自己的工作想法，让上司随时都了解到自己的工作状态，展示自己的工作积极性。在积极的沟通交流中，员工要告诉上司自己做了什么，下一步想做什么，多说一些工作上的事情，少发泄情绪，上司才会觉得你是一个敬业的员工，乐于提出建议，帮助你提高工作的效能，实现自己的价值。

逃避问题，问题便越来越严重

现在许多人见到上司就习惯性地躲开，勉勉强强打个招呼，有机会低头就走，如此一来，上司要么对你留不下深刻的印象，要么会觉得你的工作肯定是出了某些问题，因为你心虚，而且对工作沟通不积极。在逃避的态度驱使下，本来可以轻松化解的问题也就越来越严重了。所以有事必须正常沟通，不能因为上司不好交流便放弃机会。放弃只能逃避一时，大方的沟通才能彻底地解决问题，打通自己的上升通道。

下篇

结果可预测：不给协作者带来风险

结果的“可预测性”，不是要求你有多大本事，而是你的能力边界要让协作伙伴知道，他们能确定在什么情况下可以找你，找你能把问题解决到什么程度。作为网络协同环境下的一个节点，最大的美德，不是能力多强，而是不给协作者带来风险。

第八章　搞定自己职责范围内的一切问题

老板只想听谈判成功了！

很多人在工作中都对老板的“某些行为”有所不满，比如总是打断他们的汇报，不听他们的建议，好像下属的想法在老板的眼里一点也不值钱。为什么会这样？昨天下午，销售部门的小辉现身说法，他很着急地找我请示工作：“上午那个客户，合同我没签下来，唉。”讲完就叹气，然后我们有了一段对话。

我：“然后呢？”

小辉：“应该是报价有点高，我去调整报价。”

我：“还有吗？”

小辉：“我的方案跟客户的诉求似乎也有点偏差……有必

要重新整理一下。”

我：“所以呢？”

小辉像突然开了窍，又说：“我的接待工作也有疏忽，客户今天的情绪不太高涨，我要仔细安排接待流程，再约他谈一次。”

他转身就走，但我叫住了他，告诉他问题所在：“我不想听你的工作过程，你怎么做的、怎么想的，现在跟我没什么关系，我只想听谈判成功了！记住这个原则了吗？”

小辉惭愧地离开了，可事情并没完，他留下的问题恰恰是本书想要表达的主旨——拥有出色的闭环思维的人在工作中奉行的是“结果主义”，他们是效率的拥护者，是干练的代名词。企业最喜欢的就是这类员工。上司只想听到下属过来告诉他工作已经完成了，不想听到一个又一个的问题和问号。问题和问号代表着止步不前，下属要养成带着句号走进上司办公室的习惯，而不是找他倾诉事情没办完的苦衷。在工作的第一个闭环中，老板是发起人，他要的只有最后的结果，其他的虽然也很重要，但并不在他的精力范围内。我们甚至可以这么说：除了一个完美的结果，管理者不想看到别的任何东西。

第一，老板是工作的发起者和结果的接收者。为什么老板只负责坐在办公室开开会、听听汇报，一点也不体谅下属的辛苦？别再想这个没有意义的问题。在一个闭环体系中，老板也有他的责任，他要为一个项目的发起负责，也要承担结果中最大的一部分风险。没有哪个老板会关心下属在外面谈合同有多难——因为这是下属应该做的。在老板的职责范围内，他要看到的是出色的成绩，不是惨兮兮的汗水。

第二，工作没有业绩，再多的付出也是零。员工的责任就是做好自己该做的事，用结果说话。这是一个小学生都懂的道理，却被成人出于某些原因忽视。如果你的合同没谈下来，就算三天三夜没睡觉也毫无意义，这对你、对企业、对老板的反馈都是零。当你绞尽脑汁想告诉老板自己的工作出现了问题时，别指望他会理解你的心情。

要结果，不要加班

如果给你一个单选题，在结果和加班之间，你会选择什么？很有趣的是，在一项调查中，大约62%的企业雇员选择了“加班”。他们宁可在办公室多待两小时，也不想准时交付工作结果。但在管理者看来，加班是不必要的，结果却是必要而且生死攸关的。

有一次，市场部的一位推广经理过来提意见，说："我想申请公司发我些加班费。"问他理由，他挺着腰板说自己加班了，加得很辛苦，经常到晚上 10 点钟才独自一人踏上回家的末班车。有时末班车赶不上，他还要自掏腰包打车。我说："哦，不容易，可那是我让你加的吗？"他一听有点气虚了，忙说："不是，工作太多了，做不完，所以需要加班。"我又问他："那加班的结果呢？"他拿不出来，因为工作还在进行中，目前没有什么结果。我只好告诉他："等你合同签了，我给你奖金、给你提成，你加不加班，跟我没关系！"

我经常被问到这样的问题："为什么员工加了班拿不到加班费呢？"这类问题在知乎等问答网站上也常出现，是人们关注的热门。听上去掷地有声，像在质问一个剥削下属的"混蛋上司"——你们拥护"996"，随意压缩员工休息时间，是不是屁股决定了立场？

假如站在不相干的位置上，你会发现这个问题无比正义，付出就得有收获。但当你也采用闭环思维来参与其中代入思考时，你会突然看到另一个答案，那就是：这个世界每一个领域的运转无不遵守着成果导向。不论是被马云称为福报的"996"，还是员工被动、自主地加班，抑或是老板要求下属兢兢业业干好的每一个单子，都是为了取得实实在在的成果。

所以，每次我的回答都是一致的：企业只认工作结果，认功劳，认成绩，但是从来不认苦劳。你是业务员，把合同签了就是检验工作结果的唯一标准；你是市场推广人员，做一个引起积极反响的广告就是工作对你的唯一要求；我是管理者，制订企业的经营计划、拿到理想的业绩就是市场检验我的最终标准。至于怎么做的，用了多长时间，对于结果来说并不重要。除非时间是考核的标准之一。所以我不希望员工加班，也不希望他们在非工作时间还浪费公司的空调、网络、水电等资源，盼望他们在工作时间内搞定所有的事情。这是所有老板的心声，没有比这更愉快的结果。

公司的小宋有一次也找我，说他上周加班了一整天，公司没有给他一分钱加班费，同事小郝才加班了四个小时，公司就给了他双倍的加班费，还予以公开表扬。但是他为何加班呢？公司规定他在周五完成的计划书，他直到周末加班一整天才干完了工作，小郝不但按时交上了计划书，而且在周六主动加班到客户那里签下了合同，为公司节省了大量的时间。

没有成果，加班就没有价值。如果只是由于个人能力不足而加班，公司又怎么可能为你的低效付出买单呢？如果加班是你用来填补未完成的工作的方式，公司怎会给予额外的奖励？加班的人往往觉得自己是被公司剥削，也是被烦琐的工作所困，事实有时恰恰相反，很多人加班的原因不是工作太多，而是因为自己在该工作的时候浪费了太多的时间，只好用加班来补救。一定要合理地安排自己的时间，在上班时间内便交出令老板满意的结果，才能上下级皆大欢喜，对团队也有益处。

努力没结果，等于没努力

我把员工小 A 叫到办公室问："让你做的那几个 PPT 做好了吗？"小 A 一脸茫然地说："还没……"我说："都一个星期了，为什么还没做好？"小 A 怯怯地答："平时很忙，而且我对那些产品都不是很懂。"我说："不懂就去找懂的人问啊！"小 A 回答："厂家没给我产品的 PPT，资料也不好找。"我说："那就去要，去找啊！"小 A 答道："综上所述，所以还没完成，但我确实一直在努力做……"我一锤定音地说："你要是不能胜任的话，我早晚请你离开了！努力是行动结果，不是思想状态，你要是迟迟不能把努力体现在结果上的话，早晚会吃苦头的！”

小 A 的问题在于，他确实是一个很努力的下属，忙得焦头烂额，一刻不得闲，从没见他偷过懒，可这么努力的工作却常常不能按时出成果。因为他努力，我一直给他机会；因为他出成果慢，我一直不给他加薪升职。

工作中这种现象十分普遍，有一些人看起来不是那么努力，工作成果却非常显著，升职就像坐火箭，薪资高出同事两三倍；另外一些人虽然勤奋异常，拼命加班，全身心地投入工作，到头来却碌碌无为，出力不讨好。

其原因是：只有我们能对自己付起 100%的责任，拿出100%的结果，才是一个靠谱的人。但凡在工作中取得较大成就的人，他们都有一个共同特点，那就是能对工作的成果负责，对自己该承担的责任负责。

工作其实与读书考试一样，不管你是学到凌晨还是玩到半夜，这些都不重要，最后的评估标准是成绩。只要成绩好，怎么学都是对的；成绩不好，把书本吃掉也没用。工作中同理，无论你的付出有多大，衡量你的工作是否优秀的最重要的指标是你完成的工作成果，是你交给上司的最终成绩单，而不是你流下的汗水和遭过的罪。

不仅人需要有闭环思维，企业也是一个严密的闭环组织，它有自己的发展目标，包括市场、开发、利益和对社会的贡献目标等，这些目标写在纸上，但是由每一名员工的成果来实现。不仅员工，管理者也是这个系统中的一分子。所以，企业最需要的就是可靠的人才——能拿结果说话的优秀人才。往大了说，“工作成果”是未来的远景，是战略规划的实现；往小了说，就是一个很小的事情所产生的结果。

例如，一家科技公司当月要完成 1000 万元人民币的销售额，这是公司的大目标，那么 20 名销售人员每人至少要完成 50 万元人民币的销售额，这就是每名销售人员平均下来的小目标。目标制定了就必须完成，至于过程如何，都不是管理和考核人员重点关注的事项。就像我常对下属说的一句话：“我会为你的过程鼓掌，但我只会给你的结果买单。过程再好，结果很差，对不起，那也是失败！”站在组织链顶端的人不关心下面人的努力程度，只关注努力后的结果。

摩托罗拉公司的一位战略规划师在他的一篇文章中说，假如一名员工仅是抱着完成任务的态度做事，充其量得到的是苦劳，看上去努力却没什么实质的成果。还有的员工就像牵线木偶，缺乏自主行动力，总要旁人引导、督促才能把事情做成，否则便空耗时间，工作没有针对性。这两类员工在企业的考核标准中都是不及格的。因为做事的结果才是判断有无功劳的基础。

从老板的角度看，在对员工加薪和提拔时，并不是因为他的本职工作做得好，忙碌、辛苦等都不是加分项，甚至连及格线也不是，而是看他在规定的时间内做出了哪些成绩。说白了，一个人是否优秀并不体现在他努力的过程，而是体现在他努力的成果上。这很残酷，但又很励志。

闭环：完成任务不等于就有成果

日常管理中，我经常听到下属说："我已经按照您说的去做了。"这话里有抱怨，也有不服气。比如我让一名员工给客户回复邮件，他很快就回复了，然后他认为自己完成了任务，但却不想一想我让他回复邮件的目的是与客户就具体的问题达成共识，他要确认客户收到了邮件，然后去解决客户有可能存在的其他疑惑。他只是发出了邮件，问题并没有在一个闭环中解决，命令是前提，任务是基础，结果是反馈，三者缺一不可。确认客户收到并且回复，这才是我想要的工作成果。

然而，大部分人在工作中的认知始终停留在“回复邮件”这个任务身上，认为发出邮件便万事大吉。我们如今与各家企业的客服打交道时总能体会到这种敷衍的、文字游戏式的服务，就是因为企业中充满了只为完成任务而不愿为成果负责的人。

搞定一切

员工小龙过来找我，他觉得最近与同事在工作中很不好相处，做事时也觉得别人在针对他。换句话说，他想求助老板，让同事别跟他过不去。我就问他：“你搞定不了同事，能搞定自己吗？”小龙纳闷地问：“什么叫搞定自己？”我说：“能适应就是搞定，不然就换一份工作，不过我可以告诉你，换了工作你可能也不行。”

小龙面临的问题很有代表性，用哈佛心理学家凯瑟琳·斯坦纳·阿黛尔的话说就是“自适力”：每一名成功者都能在社会系统中寻找到一个适合自己的位置或者努力说服自己适应，承担某种工作，然后逐步提升自己，向更高的位置跃升。简单地说，优秀的员工要能搞定自己职责范围内的一切问题，而不是让上司帮他清扫障碍。

努力工作，也要善于工作

自己的事情需要自己搞定，别人不会给你帮忙，上司也没这个义务。你担任某个职位，就要处理好与这个职位有关的所有工作，这就是闭环。在这个世界上，努力工作的人有很多，但在无数努力工作的人之中真正取得成功，或者是在工作中获得快乐、游刃有余和让企业放心的却往往只占少数。为什么呢？因为他们在工作中只有努力，没有结果；只有态度，没有方法。

日本松下集团有一个名为“70分”的用人准则，松下管理层认为到松下应聘的员工能达到 70 分便够用了。对于他们来讲，分数太高不一定有用，因为他们不甘心于当下的位置，总想往上走，结果就是既做不好眼前的工作，还破坏了团队关系，这样的人才很难管理，属于高智商的刺头。招聘“适当”的人，是松下集团的准则。“适当”二字不仅要求员工的能力与他要做的工作相符合，同时也能减少员工好高骛远的程度，降低人才的流失率，充分实现命令、执行、反馈的正循环。

胜任是标准

我们在工作中不仅要努力，还要找准自己的位置，就是要寻找一个自己能“胜任”的职位。有了这一个可以胜任的职位之后，就要发挥自己的主观能动力。胜任不是一个简单的要求，仅仅努力地去工作是远远不达标的，要在岗位上善于工作，提高工作的质量，也提高工作的效率，把结果准时拿出来给上司看。同时，也在这些不断提高的过程中加强自身的能力，提升竞争力，才能从企业得到预想的回报。

如何成为一个“善于工作”的人？

第一，不满足于现有的知识和经验。学习是永远没有止境的，用结果说话，就要学会创造更好的结果。满足于现状只会让工作停滞不前，让自己渐渐地成为一名平庸员工。所以我喜欢有野心的下属，也会尽力为他们提供展示能力的舞台。

第二，不断强化自己的专业技能。学习并不是盲目、无目的的，要有针对性地学习与自己工作匹配的专业技能，提高解决问题的能力。如果你是一名销售人员，却每天坚持学习如何设计产品，对你的工作便没有太大帮助。很可能设计能力没提高，销售工作也耽误了，两边都做不出成绩。这山望着那山高的心态一定要戒除，将最擅长的技能强化到极致，你就能赢下大部分的竞争。

第三，改变落伍的工作方式。有一项统计显示，今天我们掌握的工作方法中的80%在5年后就不再适应新的形势。学习是从不缺席的，学习必然就会带来改变和更新。要胜任越来越高的工作要求，也需要不断地改变和更新自己，才能适应工作的新要求。比如作为公司的销售人员，你过去只能用大白话劝说顾客买你的商品，打感情牌来说服他们，销售业绩越来越差，通过学习也许就能用十分专业的术语来与顾客沟通，提高销售的成功率。改变和优化工作的方式，是拿出更好成果的重要一步。

老板尊重埋头苦干的人，但是并不喜欢他们。我也会同情勤奋又坚韧的员工，可从不会仅凭这一点便重用他们。埋头苦干是一种原始的方式，只有善于工作的人才能体会到工作的快乐，自己独立地解决工作中遇到的所有问题。

制度只注重结果，不会照顾意外

田秘书昨天抱怨道："老板，我上个月因为迟到被扣了 100 块钱。"我说："不冤枉啊，找我干吗？"田秘书一听更冤了，诉说详情："我是准点到的，但是按指纹的时候金秘书在我前面，我等她，她的动作慢，等她按完我再按时就晚了 10 秒钟。才 10 秒钟，而且这是客观原因导致的，完全是一次意外，我已在公司了，并没迟到。再说了，北京的交通状况您也是了解的！"她一脸的不服，但我回复说："客观问题所有人都一样面对，制度只注重结果，不可能照顾意外！"

迟到是个结果，排队或堵车是意外，管理者看重哪一个？结果显而易见，企业用制度考核员工的方方面面，自然就不会将意外因素纳入其中。制度是考核的工具，它本身无须思考，只须按条文执行。而且只看结果，对每个人才是最公平的。有人说："一个人的看法决定了他的做法，他的做法又决定了他的活法。"对一件事物的认知影响了人的格局和层次，田秘书只看到了导致自己迟到的因素，忙着找借口，没看到自己完全可以早点出发避免迟到，可以说她在这件事上是缺乏闭环思维的——她想让制度为自己开绿灯。

人的认知不同，采取的行为就不同，态度也会不一样。当你意识到自己的努力并没有得到一个好的结果时，应该立时调整心态，接受制度对自己的客观评估，然后改正方法，争取下一次把工作做好。我们最能把握好的就是手中紧握的机会，而不是已经产生的错误。在制度中没有意外，只有结果；没有通融，只有一丝不苟地执行。所以你对待结果的态度，决定了你的人生高度。在企业中，只有人人为结果负责，工作才能越做越好，自己才能不断进步和成长。

第一，根据制度要求，明确自己要完成的成果。

美国桥水基金公司的创始人瑞·达利欧在自己的《原则》一书中全面阐述了生活、工作和管理的原则，他认为，员工最重要的任务是明确自己的职责，其次是明确自己的工作成果。这句话可以理解为：你要搞清楚自己是来干什么的。工作不是为了质疑和对抗制度，是根据企业制度的要求完成每一项工作，并且明确自己必须实现的目标，包括“不能迟到”“业绩指标”等。如果不明白公司的要求和自己的责任，就要及时和上司确认，而不是事后找理由，把责任推给客观因素。

第二，定期检视，防止意外。

有的员工努力了也不一定会有成果，就像田秘书很努力地往公司赶却迟到了。如何解决这种问题？办法就是平时定期和认真地检视、修正自己的工作方法、时间安排，成为一个小心和专注的人，做到未雨绸缪，防止工作中意外的发生。比如田秘书需要检查一下自己的问题：从家出发的时间能不能再早5分钟，如果路上堵车是否需要换个路线？这种问题只要稍微注意，就能得到解决，而不是要求公司的制度对自己网开一面。

总之，要定期整理自己的工作方法，严格遵守公司制度和对工作的要求，努力达到公司要求的标准，这样才能提前发现问题并且针对性地调整，及早发现当下的行为是否有利于完成工作，才是我们最需要做的。

老板装瞎，不是真瞎

公司前段时间曾经有过裁员的计划，在讨论阶段就已经传开了，许多员工人心惶惶，生怕裁到自己，所以私下到处打听。有一天员工小辉竟然打听到了我的头上，跑进办公室吞吞吐吐地说："老板啊，有些话我不知道该不该问，小王跟我说……"我当即叫停他："小王是不是告诉你要裁员了，小李是不是说公司没人性，老员工也不放过？小赵是不是说公司可能倒闭？”小辉震惊得快说不出话来，连忙说：“原来您都知道。”我说：“不是只有你一个人向我传达消息，你们想什么在我的眼中非常透明，做好自己的事才是硬道理。”

只要你的成绩过硬，就谁都动不了你的奶酪。当公司有人事变动或者裁员时，标准是什么？是每个人工作的成绩，所以一切胡思乱想都是没用的，改变不了最终的结果。在企业或者一个部门中，你做了什么，没做什么，上司往往一清二楚地看在眼里，有时他不说，只是不想说，并不是他瞎了。想让上司看得起，唯有成绩过硬。当你的工作成绩有说服力时，就没人能威胁到你的位置。

专心做好工作，老板心明眼亮。如果你觉得自己的上司是一个睁眼瞎，看不到你的努力和贡献，那么我告诉你，睁眼瞎的是你自己。管理者会假装没看到一名下属的偷懒行为，没看到一名重点培养对象为工作做出的贡献，但他们在计算员工该得的回报时一定不会糊涂。因此，要想在企业的裁员计划中被排除在外，成为优秀的那个幸运儿，就得专心地将自己的工作做好，做出让公司满意的成果；要想让你的贡献变成有效的业绩，也要研究能把工作做好的方法，切切实实地让公司从你的工作中受益。老板对此是心知肚明的，公司也有严谨的考核依据。

听懂要求

有一次我把运营经理小龙叫过来，问他："我跟你要的上个季度每个项目的营收汇报表呢？"小龙是个勤奋而又有点创新火花的人，他兴奋地告诉我，在整理数据时发现有的项目，很值得研究，就把过程中的关键点记录下来了，希望以后可以帮助公司的新人。虽然耽误了进度，但他觉得这个事情特别有意义。

看起来他是一个很有钻研精神的员工，但他的问题出在哪里？答案是自己的行为与老板的要求不一致。在闭环思维中，这也是一种典型的不靠谱的表现，当上司向他要结果时，他给出了错误或有偏差的反馈。

第一，没有领会上司的主要要求。我让小龙将项目的营收汇报表做好交给我，他答应得很好，却中途拐了个弯，干起了别的。用一句俗话说，让他往东，他偏往西，并且他以为自己的选择是正确的。

第二，能力再强，用不对地方也毫无价值。这也是职场中比较普遍的现象，工作成果的体现不是由自己的兴趣决定的，而是由企业的需求来进行评估和定义。员工一定要把能力用到企业需要之处，用严谨的态度执行好上司的命令，才能做出实际的成果。

我不反对创新，创新对企业非常重要，对员工也是不可或缺的素质。工作中你当然可以做更有意义的事，这也是企业和老板鼓励的行为，没人不喜欢具有创新精神的下属。但是你必须先迅速完成上司的基本要求和做好基本的任务后，用余下的时间再去做别的事。也就是要听懂要求，执行到位，才叫有成果。如果公司的基本要求你没有完成，其他的事情做得再有意义也是“乱七八糟”的结果，对公司、对你都没有好处。

面对错误，不如解决错误

人有失手，马有漏蹄，谁都有犯错的时候。现实中我们很多人对待错误的态度是十分诚恳的，绝不逃避，也不给自己找理由。

比如，田秘书因一次失误给公司造成了损失，我问她怎么想的，她早就准备好了一份字迹工整的检讨书，垂首低眉地说：“是我的疏忽，我算错了价格，导致大家白忙活，我特别内疚，您严厉地批评我、骂我吧，我一定虚心接受，并保证在今后的工作中认真再认真，决不再犯！”

“这就完了？还有吗？这是你想了四个小时给我的结论？”

田秘书满脸惊恐地问：“您的意思是我应该再多反省一些时间？”

听到这里我就知道，她的态度仅止于承认错误、为错误道歉。多数员工肯定都是这么想的：“我工作没做好，就赶紧道歉，态度诚恳点，上司便不忍心惩罚我。”这成了一种广泛流行的模式，是员工对付公司的常用法宝。

但管理者要看到的是什么呢？是你后续的行动，是改正错误的方法，是消除未来再犯的可能性。这才是闭环思维中所要求的“成果”。闭环思维并不重视态度，态度就像有些食物，好看但不好吃。能勇敢地面对错误只是一种基本的态度，能果断地改正错误才是企业需要的成果。因此，我对田秘书说：“你应该告诉我，如何才能弥补因为你的疏忽造成的损失，如何挽救因为你的大意失去的订单，面对错误的时候，态度固然重要，但解决错误的方法更加重要。”

纠错，是闭环思维的重要一步

作为工作管理中的新近兴起的热词，“闭环思维”涵盖了一项任务的发起到结束的全过程，是一个容纳每一个环节的封闭结构。我们只要跟进一件事，就要有始有终，能把这个任务的细节挨个地落实下去，从头到尾，形成一个完整而有力的闭环，解决期间的所有问题。但我们无法保证自己执行的每一步都是正确的，所有难免出错。出错以后，如果不进行纠错，闭环就被打开，任务失败，我们给发起人的反馈就是一个失败的信号。之后呢？这个任务就无意义了，它在消耗了资源后却未提供计划中的产出。因此，闭环思维中不可或缺的一步就是纠错。纠错本身也是工作成果的重要部分，它能让事情重归正确的轨道，给发起人一个成功的反馈。

第一时间认错，还要第一时间改错

发现自己做错了以后，说明工作的方法出了问题，或者某一个环节有了失误。这时除了第一时间认错外，还要在第一时间改错：

哪个地方准备得不到位？

哪个阶段的计划出了纰漏？

是人的问题，还是钱的问题？

是我的问题，还是其他人的问题？

是环境因素，还是制度因素？

诸如此类的问题都要思考和解决。而且，我们要把改正错误的方法反馈给任务的发起人，共同改进工作流程，从教训中总结经验，提取针对性的工作方法，否则后续的工作仍然存在问题。这也是管理中十分关键的环节，是企业对员工的基本要求。

第九章　努力的“姿势”再好看，没有成果也白搭

汇报工作说结果

业务经理小周急急忙忙地来到办公室汇报工作，说道：“老板，我找王总签合同回来了。”我说：“结果怎么样？”小周上气不接下气地说：“这一趟可真折腾，路上堵车没办法，我又拐两条街去坐地铁，好不容易赶到客户公司，又碰上王总和一群人在开会……”我打断他：“说结果！”小周垂下了脑袋说：“合同没签成。”时间已过去两分钟。

我们经常遇到这种情况，有些员工在汇报工作时先说过程、原因这些细枝末节的东西，到最后再告诉上司事情办得怎

么样。但不论是阶段性还是成果性的工作汇报，对方要听取的无一例外都是最终的结果。作为上司，他们听你汇报时最关注的就是结果，其次才是过程和原因。如果没有必要，他们也不想听你啰唆一句。

为什么有些员工在汇报工作时总喜欢先讲过程，再讲结果？原因是多方面的，但不外乎都有以下两种动机：

第一，给自己推卸责任。事情没做好，所以先重点强调过程有多难（工作不好干，我没做好是有原因的）。

第二，为自己邀功。事情做好了，展示下过程有多曲折（这么难的工作我都能做好，让老板看到自己的能力）。

无论出于什么动机，汇报工作时不先说结果，都会耽误对方的宝贵时间，特别是听取汇报的人大部分是上级，这就会出现一个奇特的现象：老板放下自己的工作听你讲故事。也就是管理学中常说的“反授权现象”：上级在做下级的事！

把最核心的信息用 30 秒说完

全球最大的日用消费品公司宝洁的前总裁理查德·德普雷对下属提出过一项要求，所有形式的备忘录都不得超过一页小

A4 纸，团队讨论、工作汇报、数据报告等统统如此。德普雷极度厌恶那些偏离重点长篇大论的人，他说："我不理解复杂的，只理解简单的，把它们精简成我想要的东西。"

假设现在到了为一个大项目做总结的时候，为了这份汇报，你奋笔疾书忙到凌晨 3 点。上午，公司的高管们准时齐聚会议室，正襟危坐，对你的精彩发言翘首以待。这时老板突然进来，把你叫出去。他因为有事要出去，所以要求你在电梯里向他做这个项目的汇报，而你只有 30 秒的时间。你能用这 30 秒说出他最关心的内容吗？

这是著名的电梯法则所提出的问题——这么短的时间内，很显然你必须尽快地讲明项目的完成进度、预期和产际收益以及至关重要的问题，而不是向老板介绍自己的团队工作有多辛苦，客户有多难搞，同事有多刁难你。简而言之，汇报工作既要让老板的疑问得到解决，又要保证他的时间得以高效利用。想做到这一点，就得在最短的时间内说完最核心的信息。30 秒，是他能承受的时间极限。

简单明了，先从结果谈起

如何才能在汇报工作时避免小周那样辛苦一遭还被老板训的尴尬呢？最基本的原则是先说结果，最节省时间的步骤是用三句话结束汇报：第一句讲结果，第二句讲问题，第三句请指示（提方案）。这样简单明了，环环相扣，直奔主题，不仅让老板第一时间听到了核心信息，也展示了干练的思维习惯。即便工作没做好，也不至于“坏上加坏”。

假如老板想知道工作的过程和原因、较为详细的前因后果，他自己就会提问并留给你充裕的时间。那时你再表达自己的观点，透露更多的信息，并提出你自己的建议。你可以在对方的允许下谈论自己从未讲过的想法，或者给他提供新鲜而重要的数据，对之前的汇报做补充说明。不过这一切要建立在老板主动给你时间的基础上。

工作该谁干？

每当有管理者向我请教怎么提高团队沟通效率的问题时，我都向他们推荐一个原则：招聘理解力强的员工，而不是表演型员工。理解力强的员工明白自己的工作是什么，他们重结果，不问问题，重效率，不要花架子。表演型员工恰恰相反，喜欢问问题，做起事来却缺乏效率，甚至会形成一种他看起来很忙，实则工作都是老板或其他人干的现象。这既是分工的错位，也是管理的失败。

北京某公司的李总曾跟我分享过一个自己的故事，他的一名下属小周向他汇报，说客户的合同没签下来，原因是方案做得不够完善，需要调整产品报价，加快进度，还要保持细节的沟通，因此客户暂时没签。李总耐着性子听了大半天，反问了一句："你是让我完善方案，调整报价，保持沟通，还是加快进度？"小周满头大汗地走了。老板的质问戳中了他的命门。

这个案例体现出来的是员工在工作中经常出现的两方面的问题。

第一，小周的工作效率很低。员工接到了上司的任务去跟客户谈合同，这是一个闭环的发起，上司作为任务的发起者，涉及的所有问题都是需要员工自己解决的，他要倾听客户的意见，拿出处理方案，把合同签好了再找上司报告（反馈）。但小周带着任务出去，拿着问题回来，什么都没干成。

第二，小周的工作定位发生了错位。工作定位就是我们对自己工作角色的认知。我是发起人，是执行人，还是考核人？每个人对此要一清二楚。小周是工作的执行者，最后却变成了问题的反馈者，侵入了发起人的范围，没有解决问题反而带着问题而归，那么问题是谁解决呢？总不能由上司亲自替他开路。所以，员工要充分理解自己的位置，是上司给你布置任务、发布命令，而不是你充当客户和老板之间的沟通桥梁，让他们去左右互搏。如果你总是担当后者的角色，离下课也就不远了。

相比努力，高效更重要

结果是闭环思维的骨架，高效则是闭环思维的拳头。没有效率，努力就是一无是处的表演。公司会容纳高效率但有点懒的员工，却从不会给努力但毫无产出的员工一点机会。当我的员工因为加班而迟到并且又没拿出成果时，我从他们的眼中能看到乞求理解的意图，不过我从不给他们面子。相比努力，我更需要的是员工处理任务和完成项目的效率。

你的工作早早做完了，作为员工是可以早下班的，老板不会真生气。但工作加班都做不完，次日又迟到，公司却是真会予以惩罚的。

要聪明而不是忙乱地去工作

美国有一个叫蒂莫西·费里斯的年轻人，29 岁便经营着一家销售营养品的跨国公司，同时他也是一所大学管理课程的客座讲师，甚至也是精通汉语、日语、德语、西班牙语、韩语应用语言学家，还是散打冠军、摩托车赛手、一项探戈舞的吉尼斯世界纪录保持者。而这样一个才华横溢到让所有人眼红和嫉妒的人，他每周的工作时间竟然只有 4 小时！听到他的故事，人们以为他一定累得要死，可实际上他十分悠闲。

人们很奇怪，为什么我勤奋耕耘一辈子也得不到他的一半成就，而他轻轻松松一周几个小时就这么杰出？答案其实很简单，因为他可以比别人更加聪明地工作！聪明地工作比辛苦地工作更能得到快乐。他是一个拥有出色的闭环思维的人。

费里斯向人们举了一个自己的亲身经历。他在更年轻一点的时候打工做促销，做了几天之后，他就发现了一个可以每天偷懒 7 个小时的秘密，只需要每天工作 1 个小时就能把自己的销售业绩保持在公司的前列。这个秘密很简单，在一天中的 9:00—9:30、4:30—5:00 这两个时段，更容易与顾客达成交易。他就是用这样的方法，让自己既减轻了工作负担，又获得了出色的成果，这个聪明的做法让他取得了比许多整天辛苦打电话的同事高出数倍的成绩。

人们会羡慕这种人，把他们称为难得的天才，各行各业的天才到处都是，却从来不是自己。最根本的原因是，人们不是不懂聪明的方法，而是常常觉得自己做不到，认为自己只能用勤奋弥补才智的不足。就像今天的大部分人都觉得马云是一个传说，自己只是普通人一样，所以宁可忙碌而低效地工作，也不愿尝试聪明而高效地做出令人惊讶的成果。

在这种思维的影响下，勤奋成了一种最易获得、最受认同的成功路径。即使勤奋过后依旧平庸，人们也能获得心理平衡，接受结果并安慰自己。

要有信心提高自己的效率

提高效率，需要先提高自己的信心。这个世界上有 99%的人认为自己不可能（无法）获得伟大的成就，所以他们给自己制定的目标也很平庸。既然是平庸地生活和工作，就必然依赖勤奋，忽视了开发头脑中的智慧。那么到最后，他们就真的平庸地过了一辈子。余下的 1%的人则相信和坚持认为自己能够成功，可以取得很好的结果，从来不畏惧困难。他们总觉得别人能做到的自己也能够做到，别人不能做到的自己更能做到，因此工作中会创造性地思考对策，主动提高效率。这样的人最后都必有大的成就。信心是获取任何一种成功的基础，也是实现高效工作的前提。

心怀梦想，再去积极改变。要像费里斯一样心怀梦想，勇敢进取，并且积极地思考和采取行动。说得通俗一点，梦想不是挂在脑子里的，是灌输到腿脚上的。有梦想，就有足够的动力思考“当下我做错了什么”，解决“下一步我要怎么做”的问题，并付诸行动。就能提高自己的生活和工作效率了。

拖沓是个坑

小宋自从接受了一个任务后便消失了好几天，等我找到他时，看见他一脸愧色。问他要方案，他小声地回答：“老板，我下周给你。”这句话我听了三遍了，不过情况到这一步就变得有些严重，因为下周他还有两个方案要交，加上拖延的这一个，就是三个压力很大的工作，他不可能完成。因此我做出一个决断，让其他员工接手他的一部分工作，同时让小宋深刻反省，拿出解决方案。

员工的拖沓是个坑，一是坑了公司的项目进度，二是会坑了你自己。员工每天都有要做的工作，日积月累，源源不断，拖沓只会让你更加难以应付，甚至情绪崩溃。当发现自己有拖沓的现象时，别找借口，要立刻调整心态和工作方式，马上动手解决，才能改正这个坏习惯，保住自己在公司的位置。

在拖拖拉拉中，你的“包裹”会变成“包袱”

工作就像接力运包裹，每个人都负责将自己手中的包裹运到下一个人手中，循环往复，环环相扣。一旦有一个人的速度下降，他手中的包裹就从一个变成两个、三个直至更多。这时轻轻的包裹就成了沉重的包袱，让他不堪重负，还会严重影响下面其他人的进度。

某公司有一位高级经理，经常在办公室忙得焦头烂额，感觉每天的工作如山一般，很不快乐。于是她找到了心理医生，希望得到一些心理辅导，以找到解决这个问题的方案。心理医生说这个事我管不了，你不是心理的病，是思维的病，除了自己反省，别无他法。

经理郁闷地回到公司，开始对自己的工作进行全面分析，发现了一个严重的问题，就是大事小事都拖沓。她在处理每个单一项目时都缺乏闭环的思维，经常是开工之后就扔到了一边，不能善始善终，一直到要交结果时才突然发现，原来自己还没完成这件事！而且，每天她来到办公室，首先会去处理那些简单容易的事情，把困难的任务留到后面，总觉得能拖过一时算一时，谁知道这些事始终是她自己的工作，到了非做不可的时候，她就会感到非常痛苦，手忙脚乱，工作完不成，给不了老板交代，自然不快乐。

就像我公司的小宋和这位经理一样，许多人都有拖拖拉拉的坏习惯，事情总喜欢拖到"明天"再来做，甚至把"过两天"当作口头禅。原因无外乎下面几点：

第一，对自己的能力过度自信。有人认为自己的能力强，总能很快地完成这项工作，至于这项工作会不会在完成的期限内发生什么变故，他们是不去考虑的。所以往往一个小时、一天内能做完的事情，总要拖到几天后再开始，效率极低。

第二，没有完成工作的愉悦感。这类人在完成工作时感觉不到快乐，没有成就感，因此常厌倦工作，从心底滋生出一种根本不想工作的情绪，自然就会拖沓。这也是不具有闭环思维的表现。因为在闭环思维中，成就感是非常重要的驱动力。

第三，没有太多的对完成工作后的奖励的期望值。这一类人常常按部就班，认为这个工作早做晚做得到的回报都是一样的，没有必要早早做好。出现这种情况，公司和管理者就要反思考核、奖惩机制了。要建设一支有战斗力的高效团队，管理者就必须重视“驱动力”这个词，用实际举措培养员工的驱动力。

第四，容易走神。人有自控能力的高低、强弱区别，自控能力强的人会强制要求自己做完一些预期和计划内的事情，他们意志力强大；而自控能力低的人走神是常态，计划做好了就忘，三心二意，自然会更加拖沓。

解决拖沓，需要有实效性的计划

无论是站在管理者还是心理学家的角度，拖沓都不是一种无法治愈的心理和行为疾病，相反，你可以通过以下几点来解决这个问题。

第一，做一个阶段性的短期计划并坚决执行。将自己未来一周要完成的工作分为几个阶段，然后平摊到每一天，每天一上班就完成这部分的工作，这样既能做到心中有数，又能起到监督自己的作用，有助于将精力全身心地投放到工作上。

第二，将最难的工作放在上午。因为身体生理的因素，我们在上午处理问题时，精力往往更加集中，这样做完困难的工作再到下午处理其他较简单的问题，一天的效率平均下来就会高出很多。

第三，调整生理精力。工作效率也取决于身体的能量储备，人的生理精力是心理精力的基础。日常可多给自己摄入葡萄糖，弥补精力的不足，消除大脑的疲劳，有助于我们集中精力在规定的时间内完成工作。

工作要有明确时间节点

日常工作中如果有一堆琐事和一件大事，你是先做完那堆琐事再攻坚那件大事，还是做完那件大事再清扫那堆琐事呢？这个问题不难解答，因为两个选择在不同的情境中都是对的，也有一定相对的道理。我们在对时间的管理中，要注重时效性，主动去掉不重要又浪费时间的事项，先全力做好重要的工作。但是公司的小 A 却选择了第三个答案：哪件事找上门，他就先做哪一件！于是，他不断地放下这个去处理另一个，始终没做好一件事，浪费了时间，任务也全都耽误了。比如上周我让他中午发送报表，下午 4 点还没动静，叫过来一问才知道，他每件事都只是做了一半，正在一团乱麻中忙得不可开交。

为了完成“任务发起—执行—反馈”的完整闭环，上司要向下属交代一个任务明确的时间节点，下属也要主动问清楚：这件事什么时间做完，有没有特殊要求等。时间节点安排妥当，就要严格执行，在规定的时间内交付规定的结果，然后开始下一项任务。时间节点不明，就会对工作造成混乱：

清单上没有紧急事项——不知道最重要的是哪一个；

时间安排混乱——任务顺序不清楚；

缺乏危机意识——到了交结果的时间却意识不到。

做事有条理，才能提高工作效率

明确任务的时间节点，是为了让工作变得有条理。有条理地做事才能使工作变得有效率，就是应了一句话：磨刀不误砍柴工。在井井有条的时间安排下，先做什么后做什么，所有的任务清清楚楚。那么，如何让我们的工作变得富有条理？

第一，要清楚工作的具体要求和期限。

清楚自己的工作是做什么，什么时间交付，才知道如何去做，并且从容正确地给自己的工作进行归类和计划。

第二，建立资料库，为各项工作做好准备。

工作中把自己手上的资料和资源都整理起来，慢慢地积累，会形成丰富的资料库，工作更加轻松。平时每天花上一点时间去搜集和工作相关的资料，在需要的时候便能直接派上用场，做起事来也会事半功倍。

第三，合理地安排工作时间。

根据自己的工作内容做出一个计划，把每一个任务该什么时候做，做的时间有多长，剩下的时间做什么全都列出来，才能让工作更有条理，不至于手忙脚乱，又累又低效。

这是工作时间

前段时间公司内部考核时，田秘书又成了反面案例，她有一个月被扣了200块钱，自己也不知道原因，就跑过来“上访”，要弄清楚为什么。我翻了下考核日历，上面清清楚楚地写着她在工作时间看电影、打游戏。这还不该罚钱吗？田秘书一听有话要说，反问道：“我那天的工作都完成了，难道不能休息娱乐一下吗？”听起来理直气壮，可是还有问题，我告诉她：“公司有明确规定，上班时间不能看电影，也不可以打游戏，有了规定就要执行。而且你那天的事情并没干完，正好有一个客户来访，你就因为看电影耽误了，幸亏是同事帮你接待，否则错误可就大了。”

田秘书还是不服，举报小李，说小李那天也看了电影，还是戴着耳机大摇大摆看的，公司为什么不扣他的钱？她没想到的是，小李的职位是视频编辑，看相关视频是他的本职工作，对工作有帮助；她的职位是秘书，看电影就成了不务正业，对工作只能起到负面作用。

工作时间内做好本职工作，才能提升效率

认清自己的本职工作，然后在上班时间内兢兢业业地做好，就能保证工作效率的下限。这是一道门槛，是考核的及格线，这么做即便不能成为一个特别高效的人，也不会犯下过大的错误，耽误那些特别重要的事情。在工作时间内把本职工作做好，是从根本上提升效率的基础，如果这都做不到，便失去了被企业、被老板尊重的前提。另一方面，工作时间内不要偷

懒也是企业制度的要求，违反了制度必受处理，否则别人可能有样学样，整个团队的效率都会大受影响。这是管理者不想看到的。

不要“时间倒置”，要顺从规律

效率不高，还有一个原因是我们“时间倒置”的问题。所谓的时间倒置，指的是在工作的时间娱乐，在该娱乐的时间又忙工作。就像一个作息习惯不健康的人一样，白天睡觉休息，晚上熬夜加班，生物钟混乱的同时，也让工作的效率直线下降。我是不推荐通宵加班的，哪怕任务再多，也要保证夜间休息，然后向白天要时间。所以一定要反省自身，安排好时间干该干的事，把我们的工作状态调整到最佳。

去粗取精，善始善终

小宋是个很细心也很努力的员工，公司有一个项目内部竞争，许多人交了计划书，小宋也交了一份，他的计划书做得非常详细，考察的市场、价格列表，还有费用、服务、宣传各个方面都比别人全面，但我却把项目交给了小郝去做。小宋想不通，非要讨个说法，于是我告诉他："你的计划书是比小郝的多了十几页，销售渠道、同类竞品，你都写了 20 个以上，但是没结果，因为你没告诉我哪一个更好，没有建议，没有缩略版分析。难道你是让我花上 3 个小时把你做的所有工作都重新温习一遍？小郝只给了两个渠道建议，只列举了 3 个竞品，我看了一下，你的报告中都提及了这些，证明没有问题，所以我只需要做小郝的选择题，不想做你的问答应用题！"

小宋的问题很清楚，他想展示自己的全能，却忽视了上司对下属的要求是——把某一方面做精，解决某一方面的问题就可以，而不是把用不上的东西全都罗列出来，给上司出难题。所以我经常说，太能干也不是一件好事，这会让人陷入事事通却事事不精的境地。

这也是著名的贝尔纳效应向我们阐述的一种工作经验。英国人贝尔纳是一个富有才华的人，他的一生本可以获得很多诺贝尔奖，但是由于涉猎太广，他总是喜欢在论文中提出一个思想或者一个题目，涉足一番，然后留给别人去解答，就像小宋一样。当然，世界上聪明的人不止贝尔纳一个人，他提出的问题或者思想，很快就被别人解答出来而获得了诺贝尔奖，他自己一生中最高的荣誉也不过是英国皇家学会勋章和国外的院士之职。后来人们就把他失败的这种研究经历总结出了两项原则：

第一，在涉猎的宽度以及广度之间的协调，人们必须做出必要的选择；

第二，成功的关键在于善始善终，将一件事情做到极致，而不是在许多事情之间摇摆不定。

什么才是真正意义上的成功？成功所具有的意义，对于每一个因个体差异不同的人来说，有着不同的诠释。有的人一生执着于一件事，并最终取得了为人瞩目的成就，我们不得不承认这样的人是成功的；有的人一生涉及很多学科的知识，或者涉猎了不同领域的研究与事业，虽然在某些领域当中他们失败了，但是他们总能保持在一个领域中的领先地位，我们同样承认这是一个成功的人。但对失败者来说却有一个共性，那就是他们要么在自己专长的领域一事无成，要么就是虽有才华，却因涉猎的东西太多而件件平庸，没能在某一项具体的工作中做出较大的成就。

第十章　不给协作者增加麻烦，是职场的一种素养

不以规矩，不能成方圆

实现闭环管理的最重要的一个前提，就是团队要有严格的规矩，也就是制度。哪怕是一件看起来很不起眼的小事，也要讲规矩、守制度，整个团队才能运转有序，员工才能把一件又一件的工作做好，企业也才能发展壮大。贯彻制度，就是老板在管理中的基本任务。

比如有一次，因为夏天天气炎热，员工小华穿着拖鞋就来上班了，大家也没在意，但我却一眼发现，立刻叫他到办公室。

小华不以为意地解释道："老板，今天的天气太热了，昨天又下雨，鞋子也湿了，我只能穿拖鞋。"他觉得我会表示理解，毕竟是一次特殊情况。

但我严肃地告诉他："我不管你的鞋子湿不湿，或者是其他什么原因，我只说三点。第一，公司有明确的制度规定，任何人不能穿拖鞋上班。第二，你这么做，大家都会跟着学，公司岂不要变成菜市场了？第三，如果有客户来签合同，因为看到你着装随意而改变主意，由此造成的损失你赔吗？"

小华面红耳赤地说："老板，我错了，我没想那么多。"

有句话说：不以规矩，不能成方圆。这句话讲的便是制度的重要性，一个项目能不能做好，取决于员工的能力，也取决于这名员工是否遵守公司的各条规定，按照既定原则完成工作。一家公司能不能发展起来，既是由老板的能力决定的，也体现于团队的战斗力。一支优秀团队的战斗力从何而来？首要因素便是它的制度以及贯彻制度的程度。定下的规矩就要执行，这是闭环思维在管理中的重要表现。

权力不是解决问题的唯一途径

小辉升职以后，觉得工作中管起人来很不顺心，跑来问我要权力。他说："老板，我需要任免权，手底下的人如果不好用，我可以开掉他；如果好用，我就提拔他。我还想要奖励权，每个月给我们组的奖金提成，由我来分配给每个人，我可以决定奖励数额。"

我简单干脆地说："不可以！"

满脸期待的小辉顿时不理解地问："为什么不能给我？没权力的话，我这个项目组的主管还能干什么，怎么管好手下的人？要知道他们可不是省油的灯！"

我说："你不喜欢、用不顺手的人，可以请他吃饭、跟他谈心，调整他的状态，让他喜欢你，积极主动地为你干活。你喜欢、想照顾的人，那就给他压力，告诉他：真想做好工作，就陪着你把整个团队的成绩搞上去，搞不上去就得一起受罚。"

这就是我对企业中层管理者的要求，想实现好的成绩，就要在一定程度上委屈自己，而不是试图依靠权力解决管理中的一切问题。权力很重要，不可或缺，但权力却不是唯一管理员工的手段。

目光要全面立体

有一次小辉“吃了亏”，又跑来讨说法，说：“老板，我对上个季度的考核结果不满意。无论是签单数、业务量、流水额、毛利率，我都比王经理高，但公司评出来的优秀经理却是王经理而不是我，为什么？我不服！”

我回答：“这是因为每当有一个客户、一个项目来到公司的时候，你都把最好搞的、没难度的挑走去自己操作，那些难搞的硬骨头你从来不理，可王经理每次都会主动拾起这些硬骨头去攻坚，而且他的成功率也很高！这个‘成功率’的数字虽然不那么光鲜漂亮，但对公司的帮助却是巨大的。”

功劳和责任密不可分

小辉业绩好，我们却认为业绩比他差的王经理很优秀。这恰恰体现了一种全面和立体的考核标准，就是说：结果很重要，但结果却不是评价员工的唯一标准。数据有时也会骗人，分析数据时要结合具体的情况，做到特殊问题特殊对待。除了结果，我们还要看一名员工是不是能勇担责任，是不是能为公司的长远利益着想。功劳和责任是密不可分的，也是评估和考核员工的两条并行原则，好员工既要有功劳，也要有责任心。

提拔那些懂得分享的人

管理者的目光要全面，也要立体，评估员工的表现时应注意深入本质，从员工的品格、分享精神等层面去看。一个人懂得分享，才能创造更多的快乐；一个员工懂得分享，才能为公司提供更大的价值。但要注意的是，他们愿意分享出来的必须是功劳，而不是苦劳。面对愿意分享功劳的下属，管理者一定要敢于提拔他们，因为他们配得上更好的职位，团队也需要让他们承担更大的责任，他们也一定能做好更重要的工作。

看数据！数据！

公司的小宋觉得他上周谈的那个项目没什么问题，但进展却很不顺利，是哪方面的原因他实在想不通，他问道："我觉得可以了啊，为什么不行？"我就问他："你觉得？那你觉得咱们楼下卖煎饼的那个小伙能挣多少钱？"

小宋说："我觉得应该跟我差不多吧……每月五六千？"

我给他算了一笔账："煎饼 4 块钱一个，最高配置 10 块钱，平均按照 6 块钱一个计算。每个小时他至少可以做 30 个煎饼，早上在咱们公司的楼下就有 4 个小时，那就是 120 个煎饼，每个 6 块，共 720 块钱，一个月工作 22 天有 15840 元，50%的毛利，7920 元，将近 8000 元。他不可能像你一样一个月工作 22 天，每个小时也不止做 30 个煎饼，而且每天也不会只工作早上的 4 个小时。所以他赚得比你多。"

小宋的眼睛突然变大了十倍，说："我好歹是个写字楼白领，他一个卖煎饼的竟然比我能赚钱！”

我马上批评他：“想问题就要想到重点，重点是什么？是你自己觉得上周那个项目没问题、你自己觉得你跟煎饼小伙赚得差不多，只有‘觉得’是不行的！要看数据！”

任何结论，都是有科学而真实的数据支撑的，不能信口开河，也不能自以为是。工作中的事情光你自己觉得不行，一定要拿得出证据，证明自己是对的，才能得出靠谱的结论。无论是想问题还是看问题，都不能偏激和任性，都要实事求是，务实理性。

实事求是莫偏激

管理者需要实事求是，客观地看清现实，做出最理性的决策，而不是被别人的看法左右，或者被工作的成功、失败等极端情况影响自己的判断。实事求是，就是要做到一是一，二是二，严格依据客观事实做出决策，管理团队。

有一次，下属小新说：“老板，现在所有的生意大趋势都在往互联网转型，您之前做的提前布局转型互联网，真是英明。

我觉得我们该彻底切掉实体生意，完全进军互联网。现在可是连香皂毛巾、锅碗瓢盆、烟酒糖茶、卫生用品等都在互联网全面铺开了啊！”

看到没有，员工为了夸奖上司往往会扭曲事实，极尽夸张之能事。但我不会纵容这种行为，回复道：“所有的生意都在转向互联网？你买个馒头烙饼，吃个酸辣粉、麻辣烫、火锅、烧烤也要互联网吗？那些外送上门的送餐服务，还有各种点评软件查询餐厅的好坏优劣，算互联网还是算实体呢？餐厅算实体还是算互联网呢？”

小新没话说了，他开始摸自己的脑袋。这时我告诉他：“说话做事一定要实事求是，不要跟着舆论导向而影响了自己的思维模式！”管理者要控制住员工的思想，就得在这些小的方面抓住机会敲打，让他们脚踏实地，别不切实际。

凡事没有弄清楚，就不要盲目下结论

真理往往与许多假象混杂在一起，迷惑着我们的眼睛。判断力的缺失以及心智的不成熟都会导致我们无法发现事物真正的本质，对自己并不了解的人和事做出一些错误的判断，就像小新的表现一样。

有时候，眼睛看到的也不一定是真的，如果不经过大脑去判断和思考就妄下论断，我们就没办法看到事物的真实一面。有个故事讲的是两个天使四处去旅行，有一天他们来到一个富有的家庭，这家人拒绝他们睡在舒适的客房，而让他们住进冰冷的地下室。地下室温度低，条件差，空气也不好。较老的天使发现地下室的墙上有一个洞，于是就把它修补好了，年轻的天使十分不解，老天使只说："有些事，不是你看的那样。"第二晚，二人来到一个农夫家里，主人对他们很热情，拿出仅有的食物招待他们，又让他们睡在自己的床上，但是他自己去打地铺。白天，两个天使发现农夫的妻子在哭，因为他们家唯一的生活来源——一头奶牛死了。年轻的天使非常生气，他认为富人什么都有，老天使却想着帮助富人，农夫如此贫穷、善良，老天使却没有阻止死神带走他家的奶牛。

老天使依然淡定地说："有些事不是你看的那样。我们住在地下室时，看到墙里面堆满了古人留下的金币，主人不愿与别人分享，他是一个贪欲极强的富人，于是我填上了那个墙洞，让他无法发现。而昨晚，死神来召唤的是农夫的妻子，我就让奶牛代替了她。他们只损失了一头奶牛，却保住了女主人的性命。”

这个故事要说的便是冷静思考与理性判断的重要性。对员工来说，工作中要想好再说话，别妄自揣测，扭曲事实；对管理者而言，更要看清楚真实的情况，不要被假象所蒙骗，以致做出错误的判断和决策。

有些重要的事要自己干

有一次我正在办公室处理工作，田秘书过来不解地说：“老板，把这些方案外包也花不了太多钱，大不了就安排自己公司的员工来做，您还是别亲自动手了吧，太辛苦。”

不过我对她说：“外包人员不了解这些业务的内情，他们做得再精彩，也很可能抓不住工作的核心。至于我们的员工，也有自己的具体分工，不是什么事都能拿来锻炼的。有的事再大，我可以放权，有的事很小，我就是要自己抓！小事也可以很重要，这是原则。”

在一个高效的闭环系统中，管理者承担的角色并不仅是任务的发起人，也是重要的执行者。都有哪些事情是需要管理者自己干的呢？

第一，具有决策属性的工作。比如对项目的构思、财务预算的制定、战略规划的拟定、管理结构调整、发展方向研究等。这是属于管理者应该完成的工作，是员工不能代劳的，也是决不能轻易外包的，必须由老板亲力亲为。

第二，具有商业机密或者对公司影响重大的工作。比如仅限少数人知道的商业数据、融资初期洽谈、有保密要求的事项等。由于这些工作对执行者的要求较高，且决策与执行一体，管理者为了保证任务顺利完成，减少失误率，缩短时间，就必须尽可能由自己主导完成，而不是一味地委派给下属。

越级是大忌

员工小郝突然闯进办公室，看上去很着急。他来找我请假，急切地说："老板，我家里有点事需要请一个月假，望您批准。

我知道这个假请的时间有点久，所以直接找您申请。”我说：“这个假我不能批给你，因为你的上司是王经理。”小郝说：“我怕王经理不准我假，只要您准了，他就没话说了。”

无论小郝将事情形容得如何紧急，我都没有批准他的请假申请。这是因为无论发生何种情况，越级处理都是非常麻烦和留有后患的。不管是金字塔式管理还是扁平化管理，上下级间的业务、事项对接都必须层层传导。每个人对自己的上一级和下一级负责，不能越级汇报，也不能越级干涉。

小郝要请假，总是有原因的，理由充分就可以，但他得交接工作，而我并不知道他的工作细节，只有他的上司王经理清楚，如果王经理认为能够找到人代替他处理工作，请假就可以批准；如果不能，请假便可能不被批准。反过来，我要安排小郝参与一个项目，也得直接向王经理发布命令，由王经理去酌情执行。因为王经理更清楚自己部门员工的能力、特点。管理中的大小事项均按级别对接清楚，一切便能顺理成章，有序地运转起来。这也是一种重要的闭环。

第一，管理需要层层传达。正如我对小郝解释制度时所说的，管理的本质是“上下关系”，不是“越级关系”。不管上对下还是下对上，都必须遵守层层传达的规定，越级在组织中是大忌，也是造成管理混乱的根源之一。

第二，每一层级都是一个闭环。在每一个相邻的层级之间均存在着一种闭环关系，工作就像契约，上对下发布命令，下对上反馈结果。请假也是一个闭环，员工要向直接领导发起请求，再由直接领导给予回复。越级会导致闭环被打破。

创业须慎重

在本书的最后，我想从管理者的角度谈谈员工的创业心态。创业者其实最应该学习一下闭环思维，深入理解闭环的概念，将创业视为一个严谨的系统，用系统化的方法执行自己的思路，并追求最终的结果，而不是被创业的过程所主导。

方向不靠谱，创业就会死在起点

有一天，员工小辉突然产生了离职创业的想法，他让我给他一个建议。我直截了当地告诉他，不要去！他瞪大眼睛问："没了？为什么？"我对他讲了两个理由：

第一，你听到反对意见时的第一反应这么强烈，说明你没有城府，思考也不够深入，完全不能做到荣辱不惊，喜怒太过流于表面。这是创业的大忌。

第二，我们认识那么多年了，一起喝酒、K 歌、旅游、烧烤、团建、度假等，有那么多身心放松的好机会，那时你不找我问这个问题，却在公司业绩比较吃紧的时候跑来请教自己要不要去创业，说明你很不会挑选时机，对形势的理解能力差。以这样的状态去创业，失败是注定的。

这些毛病在一个普通人身上看似不重要，几乎每个人身上都有，在平时的工作中也没感觉对我们造成多大的伤害，可一旦放到创业中结果就会大大不同。当员工和当老板所需要的格局、心态等是全然不一样的。创业是一件尤其重视综合素质的事情，一个极小的缺点也会让你功败垂成。因此，创业者只要一开始的方向不对、心态不好，不用等市场击败你，你已经杀死了自己。

每个人都是潜在的明星，但不是必然的明星

我否定员工出去单干的想法，是因为我已深刻了解了创业九死一生的过程。创业从来不是随心所欲施展才能、实现梦想的手段，我们所看到的每一家成功的企业都必然经历过下面几个阶段：

第一，创业之初。此时公司规模小、任务少、管理简单，老板喜欢用一些吃苦型的员工。老板自己也是一个勤奋的吃苦者。吃不了苦的老板在这个阶段就会被淘汰。

第二，发展阶段。这时对员工的知识和素质要求更高，重结果，重执行，管理者几乎不能犯错误，否则便容易前功尽弃，“一夜回到解放前”。选人用人能力差的老板，便过不了这一关。

第三，市场阶段。企业有了一定的规模和名气，竞争更激烈，生存压力更大，对员工综合素质要求更高。不懂放权、授

权与制度建设的老板，也就活不过这个阶段。

这三个阶段是承前启后、密不可分的，管理者在不同的阶段对员工的要求虽然会随着自身的发展而发生变化，但归根到底，企业就是要重用那些能够为企业创造价值的员工。影响企业的除了员工，管理者自身也要有强大的闭环思维。

摆正位置，实现闭环

员工首先要摆正自己的位置，了解自己所处的环境，所担当的职位，做好自己应该做的事。当不好一名好员工，也肯定做不好一位好老板。其次，不管我们在什么岗位，热爱职业和热情、专业地对客户提供优质服务都是最基本的要求，先把一件件的小事做好，让小成果变成大成果，再去想创业的问题。最后，就是要时刻保持上进心，与企业共同发展，改变和提升自己，以更适合企业、市场的需要。

管理者要让员工明白，工作中的竞争是一场残酷的淘汰赛，对那些刚进公司的年轻人来讲尤其如此，如何让自己在职场中增值，在竞争中变得更具优势，是比出去创业更重要的事情。要摆正位置，实现工作中的闭环，才有资本挑战更高的难度。让读者懂得务实，学习务实，扎扎实实地做好工作，建设自己的事业，这也是本书的一种期望。

年轻人要想立于不败之地，应努力成为以下三种人：

做同行中的佼佼者。不管你的天资如何、从事什么类型的工作，一定要在自己的岗位上做得比其他人更加出色。简而言之，要成为一名优秀的专才。

做稀缺型人才。这对能力有更高的要求，稀缺人才有很多的优势，第一是竞争少，很容易成功。第二是稀缺人才不缺能发挥自己才干的平台，始终都有人用，不用担心失业。做到了这一点，才有底气谈更高的目标。

做认真肯干型人才。假如一个人没有高人一等的智商，也没有无与伦比的能力，注定成不了马云，那就要调整好心态，跟大多数人一样做好当下的工作，拼实干，拼勤奋。普通的工作做到极致，也会成为企业需要的人才。